Onde aterrar?
— Como se orientar politicamente no Antropoceno

TRADUÇÃO
Marcela Vieira

POSFÁCIO E REVISÃO TÉCNICA
Alyne Costa

Bruno Latour

© Éditions La Découverte, Paris, 2017
© desta edição, Bazar do Tempo, 2020

[*Où atterrir? Comment s'orienter en politique*. Paris: La Découverte, 2017]

Todos os direitos reservados e protegidos pela Lei nº 9610 de 12.2.1998.
É proibida a reprodução total ou parcial sem a expressa anuência da editora.

Este livro foi revisado segundo o Acordo Ortográfico da Língua Portuguesa de 1990, em vigor no Brasil desde 2009.

Edição Ana Cecilia Impellizieri Martins
Coordenação editorial Catarina Lins
Tradução Marcela Vieira
Revisão técnica e posfácio Alyne Costa
Revisão Rosemary Zuanetti
Projeto gráfico Angelo Bottino & Fernanda Mello
Agradecimentos Déborah Danowski, Eduardo Viveiros de Castro, Cécile Moscovitz, N-1 Edições

CIP-BRASIL. CATALOGAÇÃO NA PUBLICAÇÃO
SINDICATO NACIONAL DOS EDITORES DE LIVROS, RJ

L383o

    Latour, Bruno, 1947–
       Onde aterrar? / Bruno Latour ; tradução Marcela Vieira ; posfácio e revisão técnica Alyne Costa. – 1. ed. – Rio de Janeiro : Bazar do Tempo, 2020.
    160 p. ; 21 cm.

    Tradução de : Où atterrir? comment s'orienter en politique
    ISBN 978-65-86719-18-5

    1. Mudanças climáticas - Aspectos políticos. 2. Mudanças climáticas – Aspectos sociais. I. Vieira, Marcela. II. Costa, Alyne. III. Título.

20-64867   CDD: 304.25
                                                      CDU: 504:32

Camila Donis Hartmann – Bibliotecária – CRB-7/6472

3ª reimpressão

Cet ouvrage, publié dans le cadre du Programme d'Aide à la Publication année 2020 Carlos Drummond de Andrade de l'Ambassade de France au Brésil, bénéficie du soutien du Ministère de l'Europe et des Affaires étrangères.

Este livro, publicado no âmbito do Programa de Apoio à Publicação ano 2020 Carlos Drummond de Andrade da Embaixada da França no Brasil, contou com o apoio do Ministério francês da Europa e das Relações Exteriores.

 BAZAR DO TEMPO
PRODUÇÕES E EMPREENDIMENTOS CULTURAIS LTDA.

Rua General Dionísio, 53, Humaitá
22271-050 – Rio de Janeiro – RJ
contato@bazardotempo.com.br
bazardotempo.com.br

Onde aterrar? 9

Imaginar gestos que barrem o retorno
da produção pré-crise 127

Aqui quem fala é da Terra 135
Alyne Costa

Índice de temas resumidos 159

We've read enough books.
Jared Kushner[1]

---

[1] Ideia apresentada pelo genro de Donald Trump, citado por Sarah Vowell, *New York Times*, 9 ago 2017.

1 —

Este ensaio tem por objetivo aproveitar a ocasião da eleição de Donald Trump, em 8 de novembro de 2016, para aproximar três fenômenos que os comentaristas políticos já identificaram, ainda que nem sempre notem a relação entre os três, deixando por isso de perceber a imensa energia política que poderia ser extraída dessa aproximação.

No início dos anos 1990, logo após a "vitória contra o comunismo" simbolizada pela queda do muro de Berlim, no exato momento em que alguns pensaram que a história havia concluído seu curso,[2] uma outra história se iniciava sub-repticiamente.

Ela se caracteriza, antes de mais nada, por aquilo que chamamos de "desregulamentação", e que confere um sentido cada vez mais pejorativo à palavra "globalização". Mas ela marca também o início, de forma simultânea em todo o mundo, de uma violenta explosão das desigualdades. Por fim – e isso não é destacado com frequência –, é nessa época que se inicia a sistemática operação para a negação da existência da mutação[3] climática. ("Clima", aqui, é tomado no sentido ge-

---

[2] Francis Fukuyama, *The End of History and the Last Man,* Nova York: Free Press, 1992.

[3] No primeiro capítulo do livro *Face à Gaia (Diante de Gaia)*, Bruno Latour justifica sua preferência pela expressão "mutação climática" argumentando que tratar a situação atual como uma crise (como na expressão "crise ecológica") seria uma tentativa de nos convencermos de que o problema vai passar, de que "a crise em breve será coisa do passado". "Quem dera fosse apenas uma crise! [...] Segundo os especialistas, →

ral das relações dos humanos com suas condições materiais de existência.)

Este ensaio propõe abordar esses três fenômenos como sintomas de uma mesma situação histórica: tudo ocorre como se uma parte importante das classes dirigentes (que hoje, de modo um tanto vago, chamamos de "elites") tivesse chegado à conclusão de que não há mais lugar suficiente na terra[4] para elas e para o resto de seus habitantes.

Em consequência, decidiram que era inútil fingir que a história continuaria conduzindo a um horizonte comum, em que "todos os homens" poderiam prosperar igualmente. Desde os anos 1980, as classes dirigentes não pretendem mais liderar, mas se refugiar fora do mundo. Dessa fuga, da qual Donald Trump é apenas um símbolo entre outros, somos nós que sofremos todas a consequências. A ausência de um *mundo comum* a compartilhar está nos enlouquecendo.

A hipótese é que não entenderemos nada dos posicionamentos políticos dos últimos cinquenta anos, se não reservarmos um lugar central à questão do clima e à sua denegação. Sem a consciência de que entramos em um Novo Regime Climático,[5] não podemos compreender nem a explosão das

→ deveríamos falar mais propriamente de "mutação": estávamos acostumados a um mundo; agora estamos passando, transmutando em um novo" (2015, p. 16). (N.R.T.)

4 O texto segue a convenção segundo a qual "terra" (com minúscula) corresponde ao quadro tradicional da ação humana (os humanos na natureza), enquanto "Terra", com maiúscula, corresponde a uma potência de agir na qual reconhecemos, ainda que de maneira não plenamente instituída, uma espécie de função política.

5 A expressão "Novo Regime Climático" é apresentada em Bruno Latour em *Face à Gaïa. Huit conférences sur le Nouvear Régime Climatique*, Les Empêcheurs de penser en rons, Paris: La Découverte, 2015. Edição brasileira *Diante de Gaia*, São Paulo: Ubu, 2020.

desigualdades, nem a amplitude das desregulamentações, nem a crítica da globalização e nem, sobretudo, o desejo desesperado de regressar às velhas proteções do Estado nacional – o que se costuma chamar, um tanto erroneamente, de "ascensão do populismo".

Para resistir a essa perda de orientação comum, será preciso *aterrar*[6] em algum lugar. Daí a importância de saber *como se orientar*, e para isso traçar uma espécie de *mapa* das posições ditadas por essa nova paisagem na qual são redefinidos não apenas os *afetos* da vida pública, mas também as suas *bases*.

As reflexões que se seguem, escritas em estilo propositalmente brusco, buscam explorar a possibilidade de canalizar certas emoções políticas na direção de novos objetos.

O autor, não sendo nenhuma autoridade em ciências políticas, só pode oferecer aos leitores a oportunidade de refutar essa hipótese e procurar outras melhores.

2 —

Temos que agradecer aos apoiadores de Donald Trump por nos terem ajudado a esclarecer essas questões quando o pressionaram a anunciar, em 1º de junho de 2017, que os Estados Unidos sairiam do acordo de Paris sobre o clima.

Trump conseguiu fazer o que nem a militância de milhares de ecologistas, nem os alertas de milhões de cientistas, nem

---

6 Optou-se por traduzir o original *"Atterrir"* (pousar, aterrissar) por aterrar, reforçando a própria presença da *Terra* no vocábulo; lembrando ainda, no sentido da aterrissagem, a escolha de Tom Jobim por *aterrar* em seu clássico "Samba do avião". Desse modo, quando a referência for o verbo, usaremos "aterrar"; mas quando se tratar do substantivo, empregaremos "aterrissagem", por ser de uso mais corrente que a opção "aterragem". (N.E.)

a ação de centenas de empresários das indústrias conseguiram, algo para o qual nem mesmo o papa Francisco foi capaz de chamar a atenção:[7] agora todos sabem que a questão climática está no centro de todos os problemas *geopolíticos* e que está diretamente ligada à questão das injustiças e desigualdades.[8]

Ao se retirar do acordo, Trump acabou desencadeando, se não uma guerra mundial, ao menos uma guerra pela definição do teatro das operações:[9] "Nós, os americanos, não pertencemos à mesma terra que vocês. A de vocês pode estar ameaçada, mas a nossa nunca estará!".

Com isso, ficam explicitadas as consequências políticas, militares e existenciais daquilo que George Bush (o pai) previu em 1992, no Rio de Janeiro:[10] *"Our way of life is not negotiable!"*. Pronto, ao menos as coisas estão às claras: não existe mais o ideal de mundo compartilhado por aquilo que até então chamávamos de "Ocidente".

Primeiro acontecimento histórico: o Brexit. O país que havia inventado o espaço ilimitado do mercado tanto no mar quanto na terra, e que havia pressionado a União Europeia a se transformar em um enorme *shopping center*, é o mesmo país que, diante da chegada de dezenas de milhares de refugiados, decide de uma hora para outra não mais jogar o jogo da globalização. Em busca de um império há muito tempo extinto,

---

[7] Os católicos fizeram de tudo para ignorar a relação entre pobreza e desastre ecológico claramente articulada, no entanto, na encíclica do papa Francisco, *Laudoto Si!*, Vaticano: Santa Sé, 2015.

[8] Até o presidente Macron, que é indiferente a essa questões, viu-se obrigado a delas se apropriar, chegando a lançar o slogan #MakeOurPlanetGreatAgain.

[9] No jargão militar, "teatro de operações" é o local onde ocorrem as operações táticas e logísticas de uma guerra. (N.R.T.)

[10] O autor se refere aqui à Conferência das Nações Unidas sobre o Meio Ambiente e o Desenvolvimento, mais conhecida como Eco-92. (N.R.T.)

o Reino Unido tenta se desvincular da Europa (pagando o preço de dificuldades cada vez mais complexas).[11]

Segundo acontecimento histórico: a eleição de Trump. O país que havia imposto violentamente ao mundo sua globalização tão particular e que havia definido a si mesmo por meio da emigração, eliminando seus primeiros habitantes, é o mesmo país que confia seu destino àquele que promete isolá-lo numa fortaleza, impedir a entrada de refugiados, negar socorro a qualquer causa que não se dê em solo próprio. E tudo isso ao mesmo tempo em que continua intervindo em toda parte com a costumeira inconveniência displicente.

Essa nova atração pelas fronteiras por parte dos que outrora haviam pregado seu sistemático desmantelamento já serve como indicativo do fim de um certo tipo de globalização. Dois dos maiores países do antigo "mundo livre" declaram aos demais: "Nossa história não tem mais nada a ver com a de vocês; vão para o inferno!".

Terceiro acontecimento histórico: a retomada, a extensão, a amplificação das migrações. No exato momento em que todos os países enfrentam as inúmeras ameaças da globalização, muitos precisam se organizar para acolher em seu solo os milhões de pessoas – alguns falam em dezenas de milhões![12]–, que a ação acumulada das guerras, dos fracassos do desenvolvimento econômico e das mudanças climáticas irão atirar em busca de um território habitável para eles e para seus filhos.

Talvez se diga que o problema é antigo. Mas não, pois esses três fenômenos não passam de aspectos diferentes de

---

[11] A saída do Reino Unido da União Europeia foi efetivada no dia 31 de janeiro de 2020. (N.E.)

[12] Dina Ionesco, Daria Mochnacheva e François Gemenne, *Atlas des migrations environnementales*, Paris: Presses de Sciences Po, 2016.

uma única e mesma metamorfose: *a própria noção de solo está mudando*. O solo tão sonhado da globalização está desaparecendo. É essa a novidade daquilo que, um tanto timidamente, chamamos de "crise migratória".

Se a angústia é tão profunda, é porque cada um de nós começa a sentir o solo ruindo sob os pés. Descobrimos, mais ou menos confusamente, que estamos todos migrando rumo a territórios a serem redescobertos e reocupados.

E isso devido a um quarto acontecimento histórico, o mais importante e o menos falado de todos: o dia 12 de dezembro de 2015, em Paris, no momento em que o acordo sobre o clima foi firmado, ao fim da conferência conhecida como COP21.

O que interessa para dimensionar o verdadeiro impacto deste episódio não é aquilo que os representantes dos países decidiram; tampouco que esse acordo seja ou não aplicado (os negacionistas farão de tudo para eviscerá-lo). O importante é que, nesse dia, todos os países signatários, ao mesmo tempo em que aplaudiam o sucesso do improvável acordo, davam-se conta, horrorizados, de que se todos avançassem conforme as previsões de seus respectivos planos de modernização, não existiria planeta compatível com suas expectativas de desenvolvimento.[13] Iriam precisar de vários planetas, e eles só têm um.

Ora, se não há planeta, terra, solo, território onde alojar o Globo da globalização em direção ao qual todos os países se dirigiam, então ninguém mais possui, como se costuma dizer, uma terra para chamar de sua.

Cada um de nós se encontra, então, diante da seguinte questão: "Devemos continuar alimentando grandes sonhos de

---

[13] As Contribuições Nacionais Determinadas (INDC, na sigla em inglês) preparadas para a COP21 apresentam os planos de cada país. Ver <https://www4.unfccc.int/sites/submissions/indc/Submission%20Pages/submissions.aspx>. Último acesso em 1 jun 2020.

evasão ou começamos a buscar um território que seja habitável para nós e nossos filhos?".

Ou bem negamos a existência do problema ou então *tentamos aterrar*. A partir de agora, é isso que nos divide, muito mais do que saber se somos de direita ou de esquerda.

E isso vale tanto para os *antigos habitantes* dos países ricos quanto para seus *futuros habitantes*. Os primeiros, porque sabem que não existe planeta compatível com a globalização, e que precisarão mudar radicalmente seus modos de vida; os segundos, porque tiveram que deixar seu antigo solo devastado e aprender, eles também, a mudar por completo seus modos de vida.

Em outras palavras, a crise migratória se generalizou.

Aos migrantes vindos *de fora*, que cruzam as fronteiras correndo o risco de enormes tragédias para deixar seus países, juntam-se, a partir de agora, os migrantes *de dentro*, que, ainda que permaneçam no mesmo lugar, vivem o drama de se verem *abandonados por seus países*. O que torna a crise migratória tão difícil de entender é que ela é o sintoma, em maior ou menor grau de aflição, de uma provação comum a todos: a de se descobrir *privados de terra*.

Pois é essa provação que explica a relativa indiferença diante da urgência da situação, e também o fato de sermos todos climato-*quietistas*,[14] já que esperamos que "tudo acabe se resolvendo no final..." sem nada fazermos para isso. É impossível não nos preocuparmos com os efeitos que têm sobre nosso estado mental as notícias que ouvimos todos os dias acerca

---

14 No livro *Face à Gaia* (op. cit.), Latour trata como *climato-quietismo* a "modalidade" de negacionismo na qual seus adeptos se mantêm impassíveis diante das notícias do colapso climático, encontrando conforto na esperança de não ser tão grave assim ou de que alguma solução mágica irá aparecer. O autor explica que o termo "quietismo" se trata de uma "referência à tradição religiosa na qual os fiéis confiavam a Deus o cuidado com sua salvação" (p. 20). (N.R.T.)

do estado do planeta. Como não nos sentirmos internamente devastados pela ansiedade de não sabermos responder a isso?

É essa inquietude ao mesmo tempo pessoal e coletiva que mostra a importância da eleição de Trump – episódio que, em outras circunstâncias, só seria concebível no roteiro de uma série de televisão bastante medíocre.

Os Estados Unidos tinham duas opções: ao perceber a dimensão da mutação e a imensidão de sua responsabilidade, poderiam enfim tornar-se realistas e conduzir o "mundo livre" para fora do abismo, ou poderiam mergulhar na negação. Aqueles que se escondem atrás de Trump decidiram iludir a América por mais alguns anos e retardar sua aterrissagem, empurrando os outros países para o abismo – talvez definitivamente.

3 —

Até pouco tempo atrás, a questão da aterrissagem não se colocava aos povos que haviam decidido "modernizar" o planeta. Ela só se impunha, e de modo muito doloroso, àqueles que, quatro séculos atrás, sofreram o impacto das "grandes descobertas", dos impérios, da modernização, do desenvolvimento e, finalmente, da globalização. Eles sim sabem perfeitamente o que quer dizer estar privado de sua terra. Mais que isso, eles sabem muito bem o que significa ser expulso de sua terra. Com o tempo, não tiveram outra escolha a não ser se tornarem especialistas na tarefa de sobreviver à conquista, à exterminação, ao roubo de seu solo.

A grande novidade para os povos modernizadores de outrora é que a questão de aterrar agora se dirige a eles tanto quanto aos outros. Talvez de modo menos sangrento, menos brutal, menos nítido, mas também para eles se trata de um ataque extremamente violento para retirar o território daqueles que, até então, possuíam um solo – ainda que não raro tal solo tenha sido tomado de outros povos por meio de guerras de conquista.

Temos aí um sentido imprevisto para o termo "pós-colonial", como se houvesse uma semelhança familiar entre dois sentimentos de perda: "Vocês perderam seu território? Nós o tomamos de vocês? Pois saibam que agora nós é que estamos em vias de perder o nosso...". E então, estranhamente, no lugar de um senso de fraternidade que soaria indecente, surge uma espécie de novo vínculo que desloca o conflito clássico: "Como vocês fizeram para resistir e sobreviver? Também seria legal aprender isso com vocês".[15] A resposta imediata a essas perguntas, irônica, é dita em voz baixa: "*Welcome to the club!*".

Em outras palavras, a impressão de vertigem, quase de pânico, que atravessa toda a política contemporânea deve-se ao fato de que o solo desaba sob os pés de todo mundo ao mesmo tempo, como se nos sentíssemos atacados por todos os lados em nossos hábitos e bens.

Você já reparou que não são as mesmas emoções despertadas quando se é instado a defender a natureza – você boceja de tédio – ou a defender seu território – você imediatamente se sente mobilizado?

Se a natureza se transformou em território, não faz mais sentido falar em "crise ecológica", em "problemas de meio ambiente", em questão de "biosfera" a ser recuperada, salva, protegida. O desafio é muito mais vital, mais existencial – e também

---

[15] A expressão "aprender a viver nas ruínas" vem do importantíssimo livro de Anna Lowenhaupt Tsing, *The Mushroom at the End of the World: On the Possibility of Life in Capitalist Ruins*, Princeton: Princeton University Press, 2015. Esse argumento foi retomado e desenvolvido com base em outros exemplos em Anna Lowenhaupt Tsing, Nils Bubandt, Elaine Ganet, Heather Anne Swanson (dir.), *Arts of Living on a Damaged Planet: Ghosts and Monsters of the Anthropocene*, Minneapolis: University of Minnesota Press, 2017.

17 — Onde aterrar?

muito mais compreensível, pois muito mais direto. Quando o tapete é tirado debaixo dos seus pés, você entende num segundo que terá de se preocupar com o assoalho...

O que está sendo tirado de nós diz respeito a nossos vínculos, nosso modo de vida; é uma questão de solo, da propriedade que desaba sob nossos passos, e essa preocupação atinge todos da mesma forma, tanto os antigos colonizadores quanto os antigos colonizados. Na verdade, não, ela apavora muito mais os antigos colonizadores, menos habituados a essa situação que os antigos colonizados. A única certeza é que todos estão diante de uma carência universal de espaço a compartilhar e de terra habitável.

Mas de onde vem tanto pânico? Do mesmo profundo sentimento de injustiça experimentado por aqueles que se viram privados de suas terras à época das conquistas, depois durante a colonização e, por fim, durante a era do "desenvolvimento": uma força vinda de fora o despoja de seu território e você não pode detê-la. Se é isto a globalização, então compreendemos retrospectivamente por que resistir sempre foi a única solução, por que os colonizados sempre tiveram razão em se defender.

Esse é o novo modo de perceber a condição humana universal – uma universalidade completamente perversa (*a wicked universality*), é verdade, mas a única da qual dispomos, uma vez que a precedente, a da globalização, parece desaparecer do horizonte. A nova universalidade consiste em sentir que o solo está em vias de ceder.

Isto já não deveria bastar para entrarmos num acordo e prevenirmos as futuras guerras pela apropriação do espaço? Provavelmente não, mas nossa única saída está em descobrirmos juntos qual território é habitável e com quem podemos compartilhá-lo.

A alternativa seria fingirmos que nada está acontecendo e, protegendo-nos atrás de uma muralha, prolongarmos o sonho do *American way of life*, do qual sabemos que, muito em breve, nove ou dez bilhões de humanos não poderão mais usufruir...

Migrações, explosão de desigualdades e Novo Regime Climático: trata-se da *mesma ameaça*. E por mais que a maior parte de nossos concidadãos subestime ou mesmo negue o que está acontecendo com a terra, eles compreendem perfeitamente que a questão dos imigrantes ameaça seus sonhos de uma identidade garantida.

Até o momento, tendo sido bem mobilizados e orientados pelos partidos ditos "populistas", eles compreenderam a mutação ecológica em apenas uma de suas dimensões: ela obriga pessoas que não são consideradas bem-vindas a cruzarem as fronteiras, e por isso a resposta: "Ergamos fronteiras intransponíveis e impeçamos a invasão!".

Mas é a outra dimensão dessa mesma mutação que eles ainda não compreenderam muito bem: o Novo Regime Climático vem há tempos varrendo todas as fronteiras e nos expondo aos quatro ventos, sem que haja meio de construirmos muros contra os invasores.

Se queremos defender o território a que pertencemos, precisamos *identificar* também essas migrações sem forma e sem nação que chamamos de clima, erosão, poluição, esgotamento de recursos, destruição dos habitats. Mesmo bloqueando as fronteiras aos refugiados humanos, nunca será possível impedir a passagem desses outros.

"Então quer dizer que mais ninguém está em sua própria casa?"

Exatamente. Nem a soberania dos Estados nem o bloqueio das fronteiras podem mais se fazer passar por política.

"Mas se tudo está aberto, precisaremos então viver do lado de fora, sem nenhuma proteção, à mercê de todos os ventos, misturados a toda a gente, brigando por qualquer motivo, sem mais garantia alguma, deslocando-nos permanentemente, perdendo toda identidade, todo conforto? Quem consegue viver assim?"

Ninguém, é verdade. Nem um pássaro, nem uma célula, nem um imigrante, nem um capitalista. Mesmo Diógenes tem direito a um barril; um nômade, à sua barraca; um refugiado, a seu asilo.

Nem por um segundo acredite naqueles que defendem a exploração da imensidão dos mares,[16] assumindo riscos, abandonando todas as proteções, e que seguem apontando para o horizonte infinito da modernização para todos. Esses "bons samaritanos" só correrão riscos, se o seu próprio conforto estiver garantido. Em vez de ouvir o que falam da boca para fora, perceba o que eles trazem nas costas: você verá reluzir o paraquedas dourado, cuidadosamente dobrado, que os protege contra todos os perigos da existência.

O direito mais elementar é o de sentir-se seguro e protegido, sobretudo num momento em que as antigas proteções estão desaparecendo.

É esse o sentido da história que deve ser descoberto: de que modo reconstituir as bordas, os invólucros, as proteções; como encontrar uma base sólida, considerando, ao mesmo tempo, o fim da globalização, a amplitude das migrações e os limites impostos à soberania dos Estados a partir de agora confrontados com as mudanças climáticas?

[16] A expressão "le grand large" significa "mar aberto". Possivelmente Latour a utiliza tendo como referência a tradução para o francês da peça "Vida de Galileu", de Bertold Brecht, na qual o protagonista compara a descoberta do universo infinito que sua ciência inaugurara com a exploração dos mares permitida pelas grandes navegações. Cf. "La vie de Galilée", trad. Éloi Recoing (Paris, L'Arche éditeur, 1990). Para dar mais centralidade ao aspecto da amplitude que a expressão carrega, optamos por traduzi-la por "imensidão dos mares". (N.R.T.)

Mais que isso: como tranquilizar os que não veem outra salvação a não ser na lembrança de uma identidade nacional ou ética há pouco reinventada? Ainda, como organizar uma vida coletiva em torno desse tremendo desafio que é o de nos juntarmos a milhões de estrangeiros em busca de um solo duradouro?

A questão política que se impõe é a de como tranquilizar e abrigar todas as pessoas que se veem obrigadas a partir, ao mesmo tempo em que as afastamos da falsa proteção das identidades e fronteiras estanques.

Mas como tranquilizar essas pessoas? Como tantos imigrantes podem se sentir protegidos sem o recurso imediato a uma identidade forjada em ideais como os de origem, de raça autóctone, de fronteira definitiva e de proteção contra todos os riscos?

Para fazê-lo, precisaríamos conseguir realizar dois movimentos complementares que a provação da modernização havia tornado contraditórios: de um lado, *vincular-se a um solo*; e de outro, *mundializar-se*. É verdade que, até agora, uma operação como esta parecia impossível: era preciso escolher entre um ou outro. Mas é esta aparente contradição que a história atual pode estar levando a um fim.

4 —

O que, no fundo, se quer dizer quando se fala nos danos da globalização? Ela aparece como a fonte de todo o mal, aquilo contra o qual os "povos" subitamente se "revoltaram", mediante um árduo esforço de "tomada de consciência" que teria, como se diz, "aberto seus olhos" para os excessos das "elites".

É hora de prestar atenção nas palavras que usamos. Em "globalizar", há uma boa dose de baboseira, sem dúvida, mas há também a palavra "globo", assim como na *mundificação* de

Donna Haraway[17] também há a palavra "mundo": seria realmente uma pena se privar delas.

Há cinquenta anos, o que chamamos de "globalização" corresponde, de fato, a *dois fenômenos opostos* que são sistematicamente confundidos.

Passar de um ponto de vista local a um ponto de vista global ou mundial deveria significar uma *multiplicação* dos pontos de vista, o registro de um número maior de variedades, a consideração de um maior número de seres, de culturas, de fenômenos, de organismos e de pessoas.

No entanto, hoje parece que globalizar significa exatamente o contrário de tal multiplicação. O termo designa a ideia de que *uma única visão* – completamente provinciana, proposta por apenas algumas pessoas, representando um número ínfimo de interesses, limitada a alguns instrumentos de medida, a certos padrões e formulários – impôs-se a todos e se espalhou por toda parte. Não surpreende que ninguém mais saiba se devemos abraçar a globalização ou se devemos, ao contrário, lutar contra ela.

Se por globalizar entendemos a tarefa de *multiplicar* os pontos de vista para complexificar toda visão "provinciana" ou "fechada" adicionando novas variantes, esse é um combate que merece ser travado; mas se, ao contrário, trata-se de *reduzir* o número de alternativas para a existência e os caminhos do mundo, para o valor dos bens e os sentidos de "Globo", é preciso resistir com todas as forças a tal simplificação.

No fim das contas, parece que quanto mais se globaliza, mais se tem a impressão de possuir uma visão limitada! Cada um de nós pode até aceitar deixar para trás seu pequeno pedaço de

---

17 Conforme o neologismo cunhado por Donna Haraway para distinguir o mundo do globo da globalização, segundo apontado na tradução do livro nos Estados Unidos. (N.R.T.)

chão, mas de forma alguma para que outra visão limitada, proveniente de um lote de terra apenas mais distante, se imponha.

Distingamos, então, a seguir, a globalização-*mais* da globalização-*menos*.

O que torna complicado qualquer projeto de aterrar em algum lugar é que a ideia de uma globalização inevitável suscita, por tabela, a invenção do "reacionário".

Há muito tempo, os defensores da globalização-menos acusam aqueles que resistem a seu avanço de arcaicos, atrasados, de pensarem unicamente em seu pequeno *terroir* e de quererem se proteger contra todos os riscos enclausurando-se em seus minúsculos lares! (Ah! O gosto pela imensidão dos mares próprio àqueles que encontram abrigo em qualquer lugar para onde suas *milhas* permitem voar...)

Foi para fazer aquele "povo reticente" se mover que os globalizadores colocaram sob eles a grande alavanca da modernização. Por isso, há dois séculos, a flecha do tempo tornou possível distinguir, de um lado, os que vão na dianteira – os modernizadores, os progressistas – e, do outro, os que ficam para trás.

A mensagem contida no grito de guerra "Modernizem-se!" é só uma: toda resistência à globalização será imediatamente julgada como ilegítima. Não há nada a ser negociado com os que querem continuar atrás. Aqueles que se encontram do lado oposto do irreversível *front* de modernização serão desqualificados de antemão.[18] Eles não são apenas vencidos, são também irracionais. *Vae victis*!

---

[18] A ideia de *front* de modernização e o modo como ela reparte as emoções políticas foi desenvolvida anteriormente em Bruno Latour, *Nous n'avons jamais été modernes. Essai d'anthropologie symétrique*, Paris: La Découverte, 1991. Em português: *Jamais Fomos Modernos: Ensaio de Antropologia Simétrica*. Tradução de Carlos Irineu da Costa. Rio de Janeiro: Editora 34, 1994.

É a defesa desse tipo de modernização que acaba definindo, por contraste, a preferência pelo local, o apego ao solo, a insistência num pertencimento às tradições, a atenção à terra. Tudo isso não mais como um conjunto de sentimentos legítimos, mas como a expressão de uma nostalgia por posições "arcaicas" e "obscurantistas".

A exortação à globalização é tão ambígua que sua dubiedade contamina o que podemos esperar do local. É por isso que, desde o início da modernização, todo vínculo a qualquer tipo de solo tem sido considerado um sinal de retrocesso.

Contudo, assim como existem dois modos completamente diferentes de abordar a globalização, de registrar as variações do Globo, existem pelos menos dois modos, igualmente opostos, de definir a ligação com o local.

É por desconhecerem essa diferença que as elites que tanto se beneficiaram das globalizações (tanto a *mais* quanto a *menos*) têm tanta dificuldade de entender o que aflige aqueles que querem ser amparados, protegidos, assegurados, tranquilizados por sua província, por sua tradição, por seu solo ou identidade. Tais elites então acusam essas pessoas de terem se rendido ao canto da sereia do "populismo".

Recusar a modernização talvez seja um reflexo do medo, uma falta de ambição, uma preguiça nata, sim; mas, como bem disse Karl Polanyi, a sociedade sempre tem razão em se defender contra ataques.[19] Recusar a modernização é também *resistir corajosamente*, recusando trocar sua província por outra – Wall Street, Pequim ou Bruxelas – ainda mais estreita e, sobretudo, infinitamente distante; por consequência, muito mais indiferente aos interesses locais.

---

19 Karl Polanyi, *The Great Transformation: The Political and Economic Origins of Our Time*, Boston: Beacon Press, 1957 [1944].

Será que é possível fazer os que seguem entusiasmados com a globalização-menos entenderem que é normal, que é justo, que é indispensável querer conservar, manter, garantir o pertencimento a uma terra, a um lugar, a um solo, a uma comunidade, a um espaço, a um meio, a um modo de vida, a uma profissão, a uma habilidade? Reconhecer esse pertencimento é justamente o que nos mantém capazes de registrar mais diferenças, mais pontos de vista e, sobretudo, de não reduzir sua quantidade.

Sim, os "reaças" se enganam a respeito das globalizações, mas os "progressistas" também se enganam sobre o que mantém os "reaças" presos a seus usos e costumes.

Consequentemente, devemos distinguir o local-*menos* do local-*mais*, assim como devemos distinguir a globalização-menos da globalização-mais. No fim das contas, a única coisa que interessa não é saber se a pessoa é contra ou a favor da globalização, contra ou a favor do local, mas sim entender se ela consegue registrar, manter, respeitar o maior número de possibilidades de pertencimento ao mundo.

Alguém poderia dizer que isso tudo é papo furado para criar divisões artificiais que mal disfarçam uma certa ideologia do sangue e do solo (*Blut und Boden*).

Fazer tal objeção, contudo, seria ignorar o imenso acontecimento cuja ocorrência ameaça o grande projeto da modernização: ele se tornou definitivamente impossível, pois não existe Terra com capacidade para abarcar seu ideal de progresso, de emancipação e de desenvolvimento. Como consequência disso, *todos os pertencimentos* estão sofrendo metamorfose – quer eles digam respeito ao globo, ao mundo, às províncias, aos *terroirs*, ao mercado mundial, aos solos ou às tradições.

É preciso se confrontar com o que é, ao pé da letra, um problema de dimensão, de escala e de habitação: o planeta é *estreito e limitado demais* para o globo da globalização. No entanto, ele é *grande demais* – infinitamente grande –, ativo demais, complexo demais para permanecer dentro das fronteiras estreitas e limitadas de uma localidade qualquer. Estamos todos duplamente consternados: pelo grande demais e pelo pequeno demais.

E assim ninguém tem a resposta para a pergunta: como encontrar um solo habitável? Nem os defensores da globalização (tanto a -mais quanto a -menos) nem os defensores do local (tanto o -mais quanto o -menos). Nós não sabemos para onde ir, nem como viver, nem com quem coabitar. Como encontrar um lugar? Como nos orientar?

5 —

Algo de fato extraordinário deve ter se passado para que o ideal da globalização tenha mudado tão rapidamente de sinal. Para detectar o que aconteceu, convém desenvolver a hipótese de ciência política – ou, mais precisamente, de ficção política – anunciada na introdução.

Suponhamos que, desde os anos 1980, cada vez mais pessoas – ativistas, cientistas, artistas, economistas, intelectuais, partidos políticos – perceberam que as relações até então estáveis que a Terra mantinha com os humanos estavam sob ameaça.[20] Apesar das dificuldades, essa vanguarda conseguiu acumular evidências de que tal estabilidade não iria durar, e que a própria Terra acabaria revidando.

---

20 A esse respeito, ver, entre outros, Spencer Weart, *The Discovery of Global Warming*, Cambridge: Harvard University Press, 2003.

À época, todos sabiam que a questão dos limites se apresentaria mais cedo ou mais tarde; mas a decisão tomada (ao menos entre os modernos) foi a de ignorar solenemente o problema, motivados por uma forma muito estranha de desinibição.[21] Desse modo, poderiam muito bem seguir saqueando o solo, usando e abusando dele sem dar ouvidos aos profetas do infortúnio, já que o próprio solo permanecia relativamente quieto!

Porém, aos poucos, eis que *sob* o solo da propriedade privada, do monopólio das terras, da exploração dos territórios, *um outro solo*, uma outra terra, um outro território começou a se agitar, a tremer, a se comover. Uma espécie de terremoto, se preferir, com o seguinte recado àqueles pioneiros: "Prestem atenção, nada será como antes; vocês pagarão caro pelo retorno da Terra, pela reviravolta dos poderes que até agora eram dóceis".

E é aqui que entra em cena a hipótese de ficção política: essa ameaça, esse aviso teria sido muito bem compreendido por certas elites – elites menos esclarecidas, talvez, contudo donas de muitos recursos e grandes interesses, e, acima de tudo, extremamente empenhadas na proteção de sua imensa fortuna e na manutenção de seu bem-estar.

Devemos supor que essas elites entenderam perfeitamente bem o recado; mas tal evidência, que se tornara cada vez mais incontestável com o passar dos anos, não as fez concluir que caberia a elas pagar, e caro, pela reviravolta da Terra sobre si mesma. Elas seriam, assim, esclarecidas o suficiente para captar o recado, mas não para compartilhá-lo publicamente.

Ao invés disso, tais elites parecem ter chegado, a partir do aviso, a duas conclusões, que levaram à eleição do Ubu Rei para a Casa Branca: "Em primeiro lugar, sim, essa reviravol-

---

[21] Jean-Baptiste Fressoz, *L'Apocalypse joyeuse. Une histoire du risque technologique*, Paris: Seuil, 2012.

ta vai custar bem caro, mas quem vai arcar com esse prejuízo *são os outros*, não nós; e, em segundo lugar, ainda que a verdade do Novo Regime Climático seja cada vez menos discutível, vamos negá-la até o fim".

São essas duas decisões que permitem relacionar: 1) aquilo que, desde os anos 1980, chamamos de "desregulação" ou "desmantelamento do Estado-providência"; 2) aquilo que é conhecido desde os anos 2000 como "negacionismo climático";[22] e sobretudo 3) a extensão vertiginosa das desigualdades que testemunhamos há quarenta anos.[23]

Se essa hipótese estiver correta, tudo isso faz parte de um mesmo fenômeno: as elites se convenceram tão bem de que não haveria vida futura para todos que decidiram *se livrar o mais rápido possível de todos os fardos da solidariedade* – isso explica a desregulação. Decidiram que seria preciso construir uma espécie de fortaleza dourada para os poucos que poderiam se safar – do que decorre a explosão das desigualdades. E resolveram que, para dissimular o egoísmo sórdido de tal fuga para fora do mundo comum, seria preciso rejeitar absolutamente a ameaça

---

[22] Naomi Oresks e Erik M. Conway, *Merchants of Doubt: How a Handful of Scientists Obscured the Truth on Issues from Tobacco Smoke to Global Warming*, Nova York: Bloomsbury Press, 2010.

[23] A datação é claramente muito vaga, mas não contradiz os dados de Thomas Piketty em *Capital in the Twenty-First Century*, trans. Arthur Goldhammer, Cambridge, MA: Harvard University Press, 2014 [2013], nem a meticulosa abordagem de Dominique Pestre sobre o modo como a ciência econômica absorveu e eufemizou a ecologia. Ver, principalmente, Dominique Pestre, "La mise em économie de l'environnement *comme règle, 1970–2010. Entre théologie économique, pragmatisme e hegemonia política*", Écologie et Politique, 52, 2016. As reações ao relatório do Clube de Roma de 1972 podem servir de referência nessa questão da cronologia. Ver a tese de Élodie Vieille-Blanchard, *Les Limites à la croissance dans um monde global. Modélisations, prospectives, réfutations*, Tese de doutorado, EHESS, Paris, 2011.

que motivou essa fuga desesperada – o que explica a negação da mutação climática.

Aqui vale lembrar da metáfora clichê de *Titanic*: as classes dominantes percebem que o naufrágio é inevitável, apropriam-se dos botes salva-vidas e pedem que a orquestra toque durante um bom tempo canções de ninar, para que possam aproveitar a noite escura e dar o fora antes que a inclinação excessiva do navio chame a atenção das outras classes![24]

Há um episódio elucidativo que, por seu turno, nada tem de metafórico: no início dos anos 1990, a companhia Exxon-Mobil, com pleno conhecimento de causa – ela já havia até publicado excelentes artigos científicos sobre os perigos da mudança climática –, decide investir pesadamente na extração frenética de petróleo e, ao mesmo tempo, na campanha igualmente frenética para negar a existência da ameaça.[25]

Essas pessoas – a quem daqui para frente chamaremos de elites obscurantistas – compreenderam que, para sobreviverem confortavelmente, *não precisavam mais fingir compartilhar a terra com o resto do mundo, nem mesmo como um sonho a perseguir*. Essa hipótese permitiria explicar como a globalização-mais se tornou a globalização-menos.

Enquanto até os anos 1990 ainda se podia associar o horizonte da modernização a noções de progresso, emancipação, riqueza, conforto, até mesmo de luxo, e, principalmente, de ra-

---

[24] Para um surpreendente retrato psicológico do proprietário de *Titanic* sobrevivente do naufrágio, ler Frances Wilson, *How to Survive the Titanic: The Sinking of J. Bruce Ismay*, Nova York: Harper, 2012.

[25] Dois artigos por David Kaiser e Lee Wasser-Man, "The Rockefeller Family fund takes on Exxon Mobil", *New York Review of Books*, 8 e 22 dez 2016. Geoffrey Supran e Naomi Oreskes, "Assessing Exxon Mobil's climate change communications (1977–2014)", *Environnemental Research Letters*, 12, 2017.

cionalidade (ao menos para os que dele se beneficiavam), a fúria da desregulação, a explosão das desigualdades e o abandono das solidariedades associaram-no gradativamente à noção de uma decisão arbitrária surgida do nada para beneficiar apenas alguns. O melhor dos mundos passou a ser o pior.

Do alto do convés, as classes inferiores, agora alertas, veem os botes se afastarem cada vez mais. A orquestra continua tocando *Plus près de toi mon Dieu!*, mas a música não consegue abafar os gritos de raiva...

E é mesmo de raiva que devemos falar, se quisermos compreender a reação de desconfiança e de incompreensão diante de tamanho abandono e traição. Se desde os anos 1980 ou 1990 as elites, percebendo que a festa tinha acabado, viram que era preciso construir o mais rápido possível *comunidades muradas*[26] para não ter de partilhar mais nada com as massas – e sobretudo com as massas "de cor" que logo avançariam por todo o planeta, uma vez que seriam expulsas de suas próprias casas –, é de se imaginar que os deixados para trás tenham igualmente percebido que, se a globalização estava a deus-dará, então eles também precisariam de muros de proteção.

A reação de uns provoca a reação de outros, ambos *reagindo a uma outra reação muito mais radical: a da Terra*, que parou de amortecer os golpes e começou a revidar de maneira cada vez mais violenta.

Essa sobreposição parece irracional apenas se nos esquecermos de que se trata de uma mesma e única reação em

---

[26] Evan Osnos, "Doomsday Prep for the Super-Rich," *The New Yorker*, 30 jan 2017: <https://www.newyorker.com/magazine/2017/01/30/doomsday-prepfor-the-super-rich>. Para uma ilustração impressionante da construção desse mundo *offshore*, ver os Paradise Papers publicados pelo *International Consortium for Investigative Journalism* em 2017: <https://www.icij.org/investigations/paradisepapers/>. Acesso em 1 jun 2020.

cadeia, motivada pela reação da Terra às nossas investidas. Fomos nós que começamos – nós, o antigo Ocidente, e, mais precisamente, a Europa. Não há nada mais a fazer senão aprender a viver com as consequências daquilo que desencadeamos.

Não podemos compreender o crescimento vertiginoso das desigualdades, a "onda de populismo" e nem a "crise migratória", se não entendermos que estas são três respostas – em larga medida compreensíveis, ainda que não sejam eficazes – à reação colossal de um solo àquilo que a globalização o fez sofrer.

Uma vez diante da ameaça, a decisão parece ter sido não enfrentá-la, mas fugir. Alguns buscaram abrigo no exílio dourado do 1% – "Os super-ricos devem ser protegidos em primeiro lugar!" –; outros esconderam-se atrás de fronteiras seguras – "Por piedade, garanta-nos ao menos uma identidade estável" –; por fim, outros, os mais miseráveis, tomaram o caminho do exílio.

No fim das contas, todos são, de um modo ou de outro, os "abandonados pela globalização" (-menos), que começa a perder seu poder de atração.

6 —

Segundo a hipótese levantada aqui, as elites obscurantistas teriam levado a ameaça a sério. Elas teriam entendido que sua dominância estava ameaçada e decidido desmantelar a ideologia de um planeta comum a todos. Teriam também compreendido que um abandono como esse não poderia de modo algum ser explicitado; por isso, seria preciso obliterar secretamente todo o conhecimento científico sobre a ameaça. Tudo isso ao longo dos últimos trinta ou quarenta anos.

A hipótese parece inverossímil: a ideia de denegação se assemelha demais a uma interpretação psicanalítica ou a uma teoria da conspiração.[27]

Contudo, ela se torna mais plausível se fizermos a suposição bastante razoável de que as pessoas rapidamente desconfiam quando se esconde alguma coisa delas, e se preparam para agir em resposta a isso.

Ainda que não haja um flagrante da traição, os efeitos da desconfiança são bem visíveis. No momento, o mais evidente deles é o delírio epistemológico que se apoderou da cena pública desde a eleição de Trump.

A negação não é uma situação confortável. Negar é mentir friamente e, depois, esquecer que mentiu – mas constantemente lembrando-se da mentira, apesar de tudo. É extenuante. Podemos nos perguntar o que tal confusão provoca às pessoas que caem nessa armadilha. Isso as deixa loucas.

Tratemos primeiro desse "povo" que os comentaristas políticos autorizados parecem estar descobrindo de repente. Os jornalistas abraçaram a ideia de que o povão se tornou partidário dos "acontecimentos alternativos", a ponto de esquecer qualquer forma de racionalidade.

Passaram então a acusar essa boa gente de se comprazer com suas visões estreitas, seus medos, sua congênita desconfiança em relação às elites, sua deplorável indiferença pela própria ideia de verdade e, principalmente, com sua paixão pela identidade, pelo folclore, pelo arcaísmo e pelas

---

[27] O problema das teorias da conspiração, como bem observou Luc Boltanski, é que elas às vezes são o que há de mais real (Luc Boltanski, *Énigmes et Complots. Une enquete à propôs d'enquêtes*, Paris: Gallimard, 2012). Um livro bem convincente sobre isso é o de Nancy Maclean, *Democracy in Chains: The Deep History of the Radical Right's Stealth Plan for America*, Londres: Penguin Randon House, 2017.

fronteiras – sem esquecer de sua condenável indiferença pelos fatos.

Disso decorre o sucesso da expressão "realidade alternativa".

No entanto, acreditar nisso é esquecer que esse "povo" *foi friamente traído* por aqueles que abandonaram a ideia de levar a cabo a modernização do planeta *com* todo mundo, já que estes souberam, antes de qualquer um, que aquele mundo era impossível, precisamente por falta de planeta vasto o suficiente para estender a todos seus sonhos de crescimento.

Antes de acusar o "povo" de não mais acreditar em nada nem ninguém, é preciso considerar o efeito dessa imensa traição de confiança: ele foi abandonado num descampado.

Nenhum conhecimento comprovado, como bem sabemos, sustenta-se sozinho. Os fatos só ganham corpo quando, para sustentá-los, existe uma cultura comum, instituições nas quais se pode confiar, uma vida pública relativamente decente, uma imprensa confiável na medida do possível.[28]

E, no entanto, se esperava das pessoas a quem nunca fora anunciado abertamente (ainda que elas pudessem pressenti-lo) que todos os esforços de modernização empreendidos ao longo de dois séculos corriam o risco de serem abandonados, que viam todos os ideais de solidariedade serem jogados ao mar por aqueles que as lideravam – se esperava dessas pessoas que tivessem nos fatos científicos a mesma confiança de um Louis Pasteur ou de uma Marie Curie!

Mas o desastre epistemológico é igualmente grande entre os responsáveis por essa tremenda traição.

---

[28] Dominique Pestre, *Introduction aux* Science Studies, Paris: La Découverte, 2006, para uma apresentação; para um resumo pedagógico, Bruno Latour, *Cogitamus. Six lettres sur les humanités scientifiques*, Paris: La Découverte, 2010.

Para se convencer disso, basta acompanhar diariamente o caos que reina na Casa Branca desde a chegada de Trump. Como respeitar os fatos mais estabelecidos, quando se deve negar a magnitude da ameaça e travar, ainda que sem anunciar, uma guerra mundial contra todos os outros? É como conviver com um "elefante na sala", como diz a expressão popular, ou com o rinoceronte de Ionesco. Nada pode ser mais desconfortável. Esses imensos animais roncam, evacuam, rugem, te esmagam e impedem de concatenar qualquer pensamento. O Salão Oval se tornou um verdadeiro zoológico.

O fato é que a negação intoxica tanto os que colocam em prática esse descaso quanto aqueles supostamente enganados por ela (examinaremos a trapaça particular do "trumpismo" mais à frente).

A única diferença, e ela é enorme, é que os super-ricos, dos quais Trump é apenas um atravessador, adicionam à sua fuga um outro crime imperdoável: a negação compulsiva das ciências do clima. Isso faz com que as demais pessoas tenham que se virar em meio a um nevoeiro de desinformação, sem que ninguém nunca lhes diga em momento algum que a modernização foi encerrada e que uma mudança de regime se tornou inevitável.

Se é verdade que as pessoas comuns já tendiam a desconfiar de tudo, elas foram levadas, graças aos bilhões de dólares investidos na desinformação, a desconfiar de um fato muitíssimo sólido: a mutação do clima.[29] A questão é que, para enfrentar esse problema a tempo, seria preciso confiar desde logo cedo na solidez desse fato, de modo a pressionar os políticos a agir antes que fosse tarde demais. No momento em que ainda era possível encontrar uma saída de segurança, os céticos do

---

[29] James Hoggan, *Climate Cover-Up. The Crusade to Deny Global Warming*, Vancouver: Greystone Books, 2009.

clima se colocaram na frente dela para barrar o acesso do público. Quando chegar a hora do julgamento, é desse crime que eles terão de ser acusados.[30]

As pessoas não se dão conta propriamente de que a questão do negacionismo climático organiza toda a política do tempo presente.[31]

É, portanto, uma abordagem superficial chamar o problema de uma política da "pós-verdade", como fazem os jornalistas. Eles não enfatizam o motivo por que alguns decidiram continuar fazendo política abandonando voluntariamente o vínculo com a verdade que os aterrorizava (não sem razão). Tampouco discutem o porquê de as pessoas comuns terem resolvido – aqui também não sem razão – não acreditar em mais nada. Depois de todos os sapos que tentaram fazê-las engolir, dá para entender que desconfiem de tudo e que não queiram ouvir mais nada.

A reação da imprensa ao negacionismo prova que a situação infelizmente não é melhor entre aqueles que se vangloriam por se acharem os "espíritos racionais", que se indignam com a indiferença aos fatos demonstrada pelo Ubu Rei ou que denunciam a estupidez das massas ignorantes. Aqueles que o fazem continuam acreditando que os fatos se sustentam sozinhos, sem precisar de um mundo compartilhado, de instituições e de uma vida pública, e que bastaria simplesmente reunir as pessoas comuns numa boa sala de aula como

---

30 Ver o curto e desconcertante livro de Erik M. Conway e Naomi Oreskes, *The Collapse of Western Civilization: A View from the Future,* Nova York: Columbia University Press, 2014.

31 O que não quer dizer que os comentaristas estejam conscientes disso. Em um livro-manifesto publicado em doze línguas que reúne o que os intelectuais têm a dizer sobre a "grande regressão" – entenda-se, a surpresa que eles sentem diante do "aumento do populismo" –, apenas um capítulo, o meu, aborda essa questão: Heinrich Geiselberger (org.), *The Great Regression*, London: Polity, 2017.

antes, com quadro negro e lições a estudar, para que a razão enfim triunfasse.

Mas esses tipos "racionais" também estão presos nas armadilhas da desinformação. Não entendem que de nada serve se indignar porque as pessoas "acreditam em fatos alternativos", quando eles próprios vivem *de verdade* em um *mundo* alternativo – um mundo no qual a mutação climática existe, o que não acontece no mundo de seus oponentes.

A questão, portanto, não é saber como corrigir as falhas do pensamento, mas sim como partilhar a mesma cultura, enfrentar os mesmos desafios e vislumbrar um panorama que possamos explorar conjuntamente. A primeira atitude demonstra o vício habitual da epistemologia, que consiste em atribuir a supostos déficits intelectuais algo que é meramente um déficit de prática comum.

7 —

Se a chave para compreender a situação atual não se encontra na falta de inteligência, é preciso procurá-la na forma dos territórios nos quais essa inteligência se manifesta. Ora, é justamente aí que reside o problema: existem, hoje, vários territórios incompatíveis uns com os outros.

Para simplificar, suponhamos que, até agora, cada um dos que aceitavam se curvar ao projeto da modernização podia encontrar seu lugar nele graças a um *vetor* que, grosso modo, ia do local em direção ao global.

Era em direção ao Globo, com um G maiúsculo, que tudo caminhava; aquele Globo que projetava o horizonte ao mesmo tempo científico, econômico, moral, o Globo da globalização- -mais. Tratava-se de um marco ao mesmo tempo espacial –

a cartografia – e temporal – a flecha do tempo lançada em direção ao futuro. Esse Globo, que arrebatou gerações por ser sinônimo de riqueza, de emancipação, de conhecimento e de acesso a uma vida confortável, trazia com ele uma certa definição universal do humano.

A imensidão dos mares, finalmente! Enfim, deixar o lar! O universo infinito, afinal! Raros foram os que não ouviram esse chamado. Podemos imaginar o entusiasmo que isso causou entre os que puderam se beneficiar – ainda que não nos surpreenda o horror que a globalização suscitou junto àqueles que ela foi destruindo pelo caminho.

O que era preciso *abandonar* para se modernizar era o Local. Também com maiúscula, para não ser confundido com algum habitat primordial específico, com alguma terra ancestral, algum solo de onde autóctones tenham surgido. Não há nada de aborígene, nada de nativo, nada de primitivo nesse *terroir* reinventado *depois* que a modernização extinguiu as antigas pertenças. É um Local por contraste. Um anti-Global.

Uma vez identificados esses dois polos, é possível traçar um *front* de modernização pioneiro. Ele se caracterizava pela injunção a modernizar, demandando-nos estar preparados para todos os sacrifícios: deixar nossa província natal, abandonar nossas tradições e mudar nossos hábitos, caso quiséssemos "avançar", participar do movimento geral de desenvolvimento e, enfim, desfrutar do mundo.

Decerto, estávamos divididos entre duas ordens contraditórias – avançar rumo ao ideal de progresso ou recuar em direção às certezas antigas –, mas essa hesitação, esse impasse, no fim das contas nos vinha a calhar. Assim como os parisienses sabem se orientar no curso do Rio Sena acompanhando a sequência dos números pares e ímpares de suas ruas, nós sabíamos nos situar no curso da história.

37 — Onde aterrar?

É claro que havia os que se rebelavam, mas eles estavam *do outro lado* do *front* de modernização. Eram os (neo)autóctones, os arcaicos, os derrotados, os colonizados, os dominados, os excluídos. Como aquele *front* fazia as vezes de pedra de toque, acreditava-se poder tratar seguramente essas pessoas como reacionárias; no mínimo, como antimodernas, deixadas para trás. Elas podiam protestar à vontade, mas suas lamúrias só serviam para justificar as críticas que recebiam.

Isso podia ser brutal, mas ao menos o mundo fazia sentido. A flecha do tempo apontava para algum lugar. Tal sistema de orientação era tão mais fácil que foi sobre esse vetor que a diferença Esquerda/Direita,[32] hoje questionada, foi projetada.

Não que tal projeção não causasse confusão, já que, a depender dos assuntos em disputa, Esquerda e Direita seguiam direções diferentes a cada vez.

Se o assunto era economia, por exemplo, havia uma Direita que sempre queria prosseguir em direção ao Global, ao passo que havia uma Esquerda (mas também uma Direita mais tímida) que desejava limitar, desacelerar, proteger os mais fracos contra as forças do Mercado (as maiúsculas estão aí para lembrar que se trata de simples orientações ideológicas).

Ao contrário, se falávamos de "liberação dos costumes" e, mais precisamente, de questões sexuais, havia uma Esquerda que queria sempre ir mais longe em direção ao Global, enquanto existia uma Direita (mas também uma Esquerda) que recusava veementemente deixar-se levar por esse "caminho perigoso".

---

[32] Ainda que não esteja explicitado neste livro, a diferença de grafia para as palavras "direita" e "esquerda" parece seguir uma convenção há muito adotada pelo autor, segundo a qual palavras grafadas com a letra inicial em maiúscula designam a acepção, digamos, mais institucional do termo (no caso em questão, as ideias que fazemos em geral do que é ser de esquerda e de direita), enquanto o uso da minúscula na primeira letra designa os modos próprios de as pessoas colocarem em prática aquelas ideias. (N.R.T.)

Por isso sempre foi tão complicada a atribuição de rótulos como "progressista" e "reacionário". Contudo, ainda assim, dava para distinguir os verdadeiros "reaças" – posicionados ao mesmo tempo contra as "forças do mercado" e a "liberação dos costumes" – dos verdadeiros "progressistas", os quais, encontrados na Esquerda e na Direita, viam no Global um meio de liberar simultaneamente as forças do capital e a diversidade dos costumes.

Quaisquer que fossem as sutilezas envolvidas, podíamos ainda, apesar das dificuldades, orientar-nos porque todas as posições continuavam *ao longo do mesmo vetor*. Isto permitia identificá-las, do mesmo modo como medimos a temperatura de um paciente acompanhando as gradações do termômetro.

Uma vez que a direção da história estava dada, poderia haver obstáculos, "retrocessos", "avanços rápidos", até mesmo "revoluções" e "restaurações", mas nenhuma mudança radical na ordem geral das posições. Em função dos temas sob disputa, o *sentido* podia variar, mas havia *uma única direção*, que sustentava a tensão entre os dois atratores, o Global e o Local (não custa lembrar uma vez mais, contudo, que eles não passam de abstrações convenientes).

Como a coisa logo vai se complicar, um esquema pode ser útil. A forma canônica (figura 1) permite situar o Local-a-modernizar e o Global-da-modernização como dois *polos de atração* chamados de atrator 1 e atrator 2. Entre eles, vemos o *front* de modernização que distingue com clareza a dianteira da retaguarda, assim como a projeção sobre esse vetor de diferentes maneiras de ser de Direita ou de Esquerda, obviamente simplificadas.

É claro que esse Global e esse Local em questão ignoram todas as outras formas de ser local e global reveladas pela antropologia, as quais continuam invisíveis para os Modernos; por isso elas não aparecem no esquema – ao menos não por ora. Ser moderno, por definição, é projetar sobre os outros e em toda parte o conflito do Local contra o Global, do arcaico contra um futuro que, evidentemente, não diz respeito aos não-modernos.

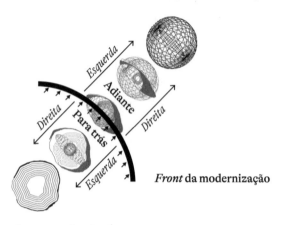

Figura 1 Esquema canônico de orientação dos Modernos.

(Para o esquema ser completo, seria preciso acrescentar um prolongamento infinito ao projeto do atrator 2, prolongamento com o qual ainda sonham os que querem escapar dos problemas do planeta indo para Marte, teletransportando-se para dentro de computadores ou se tornando, enfim, verdadeiramente pós-humanos graças à combinação do DNA, das ciências cognitivas e dos robôs.[33] Essa forma extrema de "neohipermodernismo", contudo, só faz acelerar vertiginosamente o antigo vetor de avanço, não sendo importante para o que vem em seguida.)

O que acontece com esse sistema de coordenadas se a globalização-mais se tornar a globalização-menos? Se aquilo

---

[33] Ver o site da universidade da singularidade: <su.org>. Último acesso em 1 jun 2020.

que nos atraía para si com a força da autoevidência, arrastando junto o mundo inteiro, torna-se uma contra-força por pressentirmos, confusos, que apenas alguns vão se beneficiar? Inevitavelmente, o Local, também por reação, voltará a ser atraente.

Mas nesse momento não se trata mais do mesmo Local. À vertiginosa debandada em direção à globalização-menos corresponde à debandada desenfreada em direção ao Local-menos, aquele que promete a tradição, a proteção, a identidade e a certeza no interior das fronteiras nacionais ou étnicas.

E é aí que mora o drama: esse Local repaginado não é mais plausível, não é mais habitável que a globalização-menos. Ele é uma invenção retrospectiva, um território residual, o remanescente daquilo que foi definitivamente perdido ao se modernizar. O que pode ser mais irreal que a Polônia de Kaczyínski, a França da Frente Nacional, a Itália da Liga do Norte, a Grã-Bretanha encolhida pelo Brexit ou a *América great again* do grande *Trompeur*?[34]

Mesmo assim, esse segundo polo atrai tanto quanto o outro, sobretudo quando as coisas não vão bem e quando o ideal do Globo parece se distanciar cada vez mais.

Os dois atratores terminaram se distanciando tanto um do outro que não podemos mais nos dar ao luxo de hesitar entre os dois, como antes. É isso que os comentaristas chamam de a "brutalização" das discussões políticas.

Para que o *front* de modernização possuísse uma certa credibilidade, para que ele organizasse o sentido da história de forma duradoura, seria preciso que todos os atores residissem no mesmo lugar, ou que pudessem ao menos compartilhar um horizonte comum, ainda que seguissem em direções diversas.

---

[34] Optamos por não traduzir o termo para preservar o jogo de palavras "Trump – Trompeur" ("traidor", em francês). (N.T.)

No entanto, tanto os defensores da globalização quanto os do retorno ao passado começaram a fugir o mais rápido possível, competindo em sua falta de realismo. Bolha contra bolha, *comunidade murada* contra *comunidade murada*.

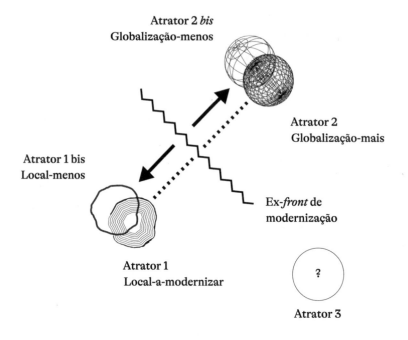

Figura 2 A irrupção de um terceiro atrator rompe o sistema de coordenadas habitual dos Modernos.

Em lugar de uma tensão, temos a partir de agora um abismo. Em vez de um *front*, vemos apenas a cicatriz de um antigo combate contra ou a favor de modernizar o planeta inteiro. Não existem mais horizonte compartilhado, nem mesmo para decidir quem é progressista e quem é reacionário.[35]

---

[35] A multiplicação, tanto à Direita quanto à Esquerda, das reivindicações cada vez mais estridentes por uma identidade bem marcada e por →

Sentimo-nos como passageiros de um avião que teria decolado em direção ao Global, os quais primeiro são avisados pelo piloto de que terão que dar meia-volta, pois não poderão mais aterrar nesse aeroporto, mas que em seguida ouvem, apavorados ("*Senhoras e senhores, aqui é o piloto novamente*"), que a pista de emergência, o Local, também está inacessível. É de se esperar que os passageiros, angustiados, amontoem-se nas janelas para tentar descobrir onde poderão aterrar, sabendo do risco de se espatifar – ainda que eles contem, como no filme de Clint Eastwood, com os reflexos de Sully, o comandante de bordo.[36]

O que terá se passado? É preciso supor que alguma coisa entortou a flecha do tempo, uma potência antiga e também imprevisível que de início preocupou, depois incomodou, até que finalmente dispersou os projetos dos Modernos de outrora.

Como se a expressão "*mundo* moderno" tivesse se tornado um oxímoro. Ou bem se é moderno e não se tem mundo sob os pés, ou bem há um mundo verdadeiro, mas ele não é modernizável. É o fim de um certo arco histórico.

De repente, é como se, ao mesmo tempo e em toda parte, um *terceiro atrator* tivesse surgido, desviando, impulsionando, absorvendo todos os objetos de disputa, tornando impossível se orientar segundo a antiga linha de fuga.

E é nesse ponto da história, nessa articulação, que nos encontramos hoje.

Estamos desorientados demais para distribuir as diferentes posições no eixo que ia do antigo ao novo, do Local ao Global; ao mesmo tempo, somos ainda incapazes de nomear,

→ uma política entendida como apego a valores inegociáveis mostra que o segundo polo, o do Globo, parou de exercer a atração que permitia reunir ambos em um projeto de universalidade.

36 Agradeço a Jean-Michel Frodon por sinalizar essa relação com o filme *Sully*, 2016.

de fixar uma posição, de simplesmente descrever esse terceiro atrator.

E, no entanto, toda orientação política depende desse passo para o lado: é preciso distinguir quem nos ajuda de quem nos trai, decidir quem é nosso amigo e quem é nosso inimigo, escolher com quem fazer alianças e contra quem lutar – mas agora seguindo uma direção que não está mais traçada.

Em todo caso, tal falta de direção não nos autoriza a reutilizar antigas fórmulas, como "Direita" e "Esquerda", "liberação", "emancipação", "forças do mercado"; tampouco aqueles marcadores do espaço e do tempo que pareciam autoevidentes, como "futuro" ou "passado", "Local" ou "Global".[37]

É preciso mapear tudo do zero. Mais que isso, é preciso fazê-lo com urgência, antes que os sonâmbulos destruam, em sua fuga cega, aquilo que desejamos preservar.

8 —

Se propusemos, no início deste texto, que a decisão dos Estados Unidos de se retirar do acordo climático esclarecia a nova situação política, é porque tal decisão é tão *diametral-*

---

[37] O texto de Eric Hazan e de Julien Coupat publicado no jornal *Libération* em 24 de janeiro de 2016 demonstra que não faz mais sentido nos curvarmos ao vetor tradicional da política: "Pretendemos começar uma *destituição* de todos os aspectos da existência política presente, um a um. Os últimos anos nos provaram que não faltam aliados para isso em toda parte. É preciso *trazer de volta à terra e retomar as rédeas* de tudo aquilo de que nossas vidas *foram apartadas*, e que tende a nos escapar o tempo todo. O que estamos preparando não é uma tomada de assalto, mas um movimento contínuo de *subtração*, uma destruição atenciosa, serena e metódica de toda política que *paira* sobre o mundo sensível". Os grifos são meus. Essa destituição – a palavra *restituição* seria mais justa – poderia oferecer uma boa tradução ao termo em inglês *reclaim.*

mente oposta à atitude que precisa ser tomada que ela acaba indicando muito bem, mas por contraste, a posição desse terceiro atrator!

Para avaliar em que medida as coisas agora estão mais claras, basta imaginar como seriam as discussões se a campanha para o Brexit tivesse fracassado em julho de 2016, se Hilary Clinton tivesse sido eleita ou, se depois de sua eleição, Trump não tivesse se retirado do acordo de Paris. Nós ainda ponderaríamos sobre os benefícios e os malefícios da globalização como se o *front* de modernização ainda estivesse intacto. Felizmente (se tal advérbio pode ser empregado), os acontecimentos de 2016 o tornaram ainda menos atraente.

O "trumpismo" é uma inovação política que não vemos acontecer com frequência, mas que convém levarmos a sério.[38]

Na verdade, a astúcia daqueles que o defendem está em terem construído um movimento radical com base na sistemática *negação* da existência da mudança climática.

É como se Trump tivesse conseguido localizar um quarto atrator. Não é difícil nomeá-lo: é o Fora-deste-mundo (figura 3), o horizonte de quem não pertence mais à realidade de uma terra que reagiria a suas ações. Pela primeira vez, o negacionismo climático define a orientação da vida pública de um país.

Somos muito injustos com os fascistas quando comparamos aquilo de que Trump é o sintoma aos movimentos dos anos 1930. A única coisa que os dois movimentos têm em comum é que ambos são uma invenção, imprevista na escala dos afetos políticos, que deixa as antigas elites completamente desamparadas durante certo tempo.

---

[38] O trumpismo é diferente do pensamento conservador, como bem mostra o artigo de Jeremy W. Peters, "They're building a Trump-centric movement. But don't call it trumpism", *New York Times*, 5 ago 2017.

O que os fascistas inventaram se deu ainda na esteira do antigo vetor – aquele que ia em direção à modernização com base nos antigos *terroirs*. Eles conseguiram misturar o retorno a um passado sonhado – Roma ou *Germania* – aos ideais revolucionários e à modernização técnica e industrial, tudo isso reinventando a figura de um Estado total – e de um Estado em guerra – contra a própria ideia de um indivíduo autônomo.

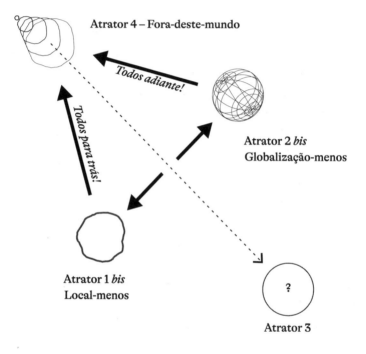

Figura 3 O "trumpismo" como invenção política de um quarto atrator.

Não encontramos nada disso na inovação atual: o Estado é humilhado, o indivíduo é coroado rei e a prioridade política é ganhar tempo afrouxando todas as regulações, antes que o povo perceba que não existe um mundo que corresponda à América prometida.

A originalidade de Trump é conseguir vincular, com um mesmo gesto, primeiro a *fuga adiante*, em direção ao proveito máximo, abandonando o resto do mundo à sua própria sorte (para representar as "pessoas comuns", invoquemos os milionários!), e depois a fuga para trás de todo um povo, em direção às categorias nacionais e étnicas (*"Make America Great Again"* atrás de um muro!).

Em vez de opor, como acontecia antes, os dois movimentos – o avanço rumo à globalização e o retorno na direção da velha terra nacional –, os apoiadores de Trump dão a impressão de tê-los fundido. Fusão que, evidentemente, só é possível se a própria existência do conflito entre modernização, de um lado, e condição terrestre, de outro, for negada.

Daí o papel constitutivo do ceticismo climático, o qual, de outro modo, é incompreensível – lembremos que, até a gestão Clinton, as questões de política ecológica chegavam a motivar acordos entre republicanos e democratas.[39]

Entendemos muito bem a razão da negação: sem ela, a completa falta de realismo daquela combinação – Wall Street exortando milhões de membros das ditas classes médias a buscar proteção no passado! – saltaria aos olhos. Por enquanto, a situação só se sustenta sob a condição de uma total indiferença ao Novo Regime Climático e do abandono de todas as formas de solidariedade, tanto no exterior, entre as nações, quanto no interior, entre as classes.

Pela primeira vez, um movimento político de grande amplitude não se dispõe a enfrentar seriamente as realida-

---

[39] Foi no final do século XX que a questão do clima se tornou um tema tão fundamental quanto o aborto ou o anti-darwinismo para definir os republicanos. A estratégica de Scott Pruitt, o novo diretor da EPA (Agência de Proteção Ambiental), para obliterar o conhecimento científico sobre a questão climática, segue uma política mais coerente do que a do seu presidente.

des geopolíticas, eximindo-se de modo explícito de qualquer restrição, posicionando-se literalmente *offshore* – como os paraísos fiscais. A principal preocupação agora é a de não mais compartilhar com os outros um mundo que, sabemos, nunca mais será comum. Tudo isso alimentando o ideal americano da Fronteira – e decolando rumo ao irreal! –, ao mesmo tempo em que se distanciam o mais rápido possível do terceiro atrator, esse espectro que assombra toda a política e que o "trumpismo" – é essa a sua força – teria sabido claramente detectar.

(É ademais notável que essa invenção tenha vindo de um desenvolvedor imobiliário que tem estado constantemente endividado, que enfrenta uma falência atrás da outra e que se tornou famoso num *reality show*, essa outra forma de irrealismo e de escapismo.)

As elites ligadas a Trump prometeram aos que seguiam em direção ao Local-menos que eles encontrariam o passado; com isso, garantiram para si mesmas enormes benefícios dos quais a grande massa daqueles mesmos eleitores se encontra privada. Quando as promessas são dessa ordem, não devemos ser tão exigentes em relação a provas empíricas!

Como já vimos, é inútil se revoltar acusando os eleitores trumpistas de "não acreditarem nos fatos". Eles não são idiotas: é justamente porque a situaçã o geopolítica geral deve ser negada que a indiferença aos fatos se torna tão essencial. Se a contradição massiva entre *fuga adiante* e *para trás* tivesse que ser encarada seriamente, então seria preciso se preparar para aterrar.

Esse é o movimento que define o governo de Trump, o primeiro completamente pautado pela questão ecológica – mas pautado ao inverso, pela negação, pela recusa. Isso ao menos facilita a orientação: como mostra a figura 3, basta se posicionar nas costas de Trump e traçar uma linha reta, que ela levará diretamente aonde se deve ir.

Decerto, as "pessoas comuns" não devem criar ilusões sobre a continuação da aventura. Aqueles para quem Trump trabalha são exatamente as mesmas pequeníssimas elites que, desde o começo dos anos 1980, vêm percebendo que não haveria espaço suficiente para elas e para os nove bilhões de pessoas deixadas para trás. "Desregulemos, desregulemos; lancemo-nos na extração desenfreada de tudo o que resta ainda a extrair – *Drill baby drill!* Terminaremos por ganhar, apostando nesse louco, trinta ou quarenta anos de alívio para nós e nossos filhos. Depois disso, que venha o dilúvio, de todo modo estaremos mortos."

Os contadores conhecem bem os empresários que fraudam suas contas: a inovação do "trumpismo" é fraudar a maior nação do mundo. Seria Trump um Madoff de Estado?[40]

E não podemos perder de vista o fator que explica todo o problema: ele preside o país que mais teria a perder com um retorno à realidade, cujas infraestruturas materiais são as mais difíceis de serem modificadas rapidamente, cuja responsabilidade na atual situação climática é a mais devastadora. Todavia, ao mesmo tempo – e é isso o mais revoltante –, esse mesmo país possui todas as capacidades científicas, técnicas e administrativas para liderar a guinada do "mundo livre" na direção do terceiro atrator.

De certo modo, a eleição de Trump confirma, para o resto do mundo, o fim de uma política voltada para o alcance de uma meta factível. Não se trata de uma política da "pós--verdade", mas sim de uma política da pós-política, ou seja, li-

---

[40] Bernard (ou Bernie) Madoff, ex-presidente de uma grande empresa de investimentos estadunidense, esteve envolvido no maior esquema de fraudes da história daquele país. (N.R.T.)

teralmente sem objeto, na medida em que ela rejeita o mundo que reivindica habitar.

A escolha é completamente insana, mas compreensível. Os Estados Unidos viram o obstáculo e, como se diz de um cavalo, puseram-se a *refugar* – pelo menos por ora. E é com esse grande refugo que todos os outros estão sendo obrigados a conviver.

Diante dessa situação, todos têm a oportunidade de acordar ou assim esperamos. A desordem naquela casa da mãe Joana pode talvez levar à derrubada do muro de indiferença e indulgência que a ameaça climática, sozinha, não conseguiu transpor.

Se isso não acontecer, não é preciso ser um grande sábio para prever que toda essa história terminará num dilúvio de fogo. Este é o único verdadeiro paralelo com o fascismo. Diferentemente do que Marx propôs, a história não vai apenas da tragédia à farsa, ela pode se repetir uma vez mais como uma farsa trágica.

9 —

Parece um tanto ridículo sugerir que a indicação mais precisa sobre o terceiro atrator seja dada por aqueles que dele fogem. Como se nós, os Modernos, nunca tivéssemos sabido qual era o âmbito geral de nossa ação, tampouco a direção geral da nossa história. Como se fosse preciso aguardar o fim do século passado para perceber que, de certo modo, nossos projetos flutuavam no vazio.

E, no entanto, não é exatamente essa a situação com a qual nos confrontamos? O Global (tanto o -mais quanto o -menos) em direção ao qual até há pouco seguíamos, o horizonte que possibilitava que nos projetássemos numa globalização indefinida (que acarretava também, por reação, a multiplicação das localidades como meio de escapar desse destino aparentemente inevitável), tudo isso nunca esteve ancorado em qualquer realidade ou materialidade consistente.

A impressão aterrorizante de que a política se esvaziou de sua substância, de que ela não é capaz de acionar mais nada, de que ela não tem sentido nem direção, de que ela se tornou, literalmente, tão imbecil quanto impotente, não tem outra causa senão esta revelação progressiva: nem o Global nem o Local têm uma existência material e duradoura. Consequentemente, o primeiro vetor que antes mencionamos (figura 1), aquela linha reta que nos permitia identificar retrocessos e avanços, parece agora uma estrada sem começo nem fim.

Se, apesar de tudo, a situação está cada vez mais clara, é porque, em vez de estarmos suspensos entre o passado e o futuro, entre a recusa e a aceitação da modernização, encontramo-nos agora como se tivéssemos girado 90 graus, *suspensos entre o antigo vetor e um novo*, impelidos adiante por duas flechas do tempo que não apontam nunca para a mesma direção (figura 4). O problema todo consiste em identificar de que esse terceiro termo é composto. De que modo ele pode se tornar mais atraente que os dois outros? E por que ele parece tão abominável para tanta gente?

A primeira dificuldade é dar-lhe um nome, um nome que não se confunda com os dois outros atratores. "Terra"? Vão pensar que se trata do planeta visto do espaço, o famoso "planeta azul". "Natureza"? Seria grande demais. "Gaïa"? Seria apropriado, mas necessitaríamos de páginas e mais páginas para precisar os termos de seu uso. "Solo" lembra as antigas formas de localidades. "Mundo", sim, de fato, mas há o risco de ser confundido com as antigas formas de globalizações.

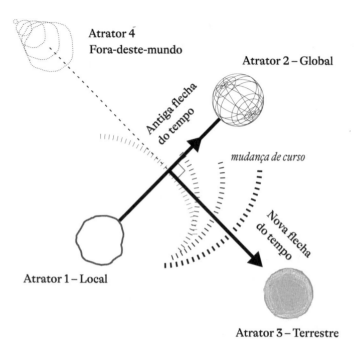

Figura 4 Uma reorientação do espaço da política.

Não, precisamos de um termo que dê conta da surpreendente originalidade (a surpreendente longevidade desse agente).

Por ora, vamos chamar de Terrestre, com um T maiúsculo, para enfatizar que se trata de um conceito e também para especificar desde já a que nos dirigimos: o Terrestre como novo *ator-político*.

O acontecimento colossal que precisamos compreender corresponde, na verdade, à potência de agir desse Terrestre que deixou de ser o cenário, ou o plano de fundo, da ação dos humanos.

Sempre falamos da geopolítica como se o prefixo "geo" designasse apenas o *quadro* onde se desenrola a ação política. Contudo, a mudança que estamos testemunhando é que esse "geo" passou a designar um *agente* que participa plenamente da vida pública.

Toda a atual desorientação decorre da aparição desse ator que agora reage às ações dos homens e impede os modernizadores de saberem *onde se encontram*, *em que época* e, sobretudo, qual o papel que eles devem representar a partir de agora.

Os estrategistas de geopolítica que se vangloriam por pertencer à "escola realista" terão de mudar um pouco a *realidade* a que seus planos de batalha diziam respeito.

Antigamente, ainda se podia dizer que os humanos estavam "na terra" ou "na natureza", que eles se encontravam "na época moderna" e que eles eram "humanos" mais ou menos "responsáveis por suas ações". Era possível distinguir uma geografia "física" e uma geografia "humana", como se houvesse duas camadas sobrepostas. Mas como dizer *onde* estamos, se esse "sobre" ou esse "em que" nos encontramos passa a reagir a nossas ações, voltando-se contra nós, enclausurando-nos, dominando-nos, exigindo algo de nós e nos arrastando consigo? Como distinguir, a partir de agora, a geografia física da geografia humana?

Enquanto a terra parecia estável, podíamos falar de *espaço* e nos situarmos em seu interior e sobre uma porção de território que pretendíamos ocupar. Mas o que fazer se o próprio território passa a participar da história, a proferir golpes atrás de golpes; em suma, a se ocupar de nós? A expressão "*Eu pertenço* a um território" mudou de sentido; ela agora indica a instância que se apoderou do proprietário!

Se o Terrestre deixou de ser o plano de fundo da ação humana, é porque ele *participa* dela. O espaço não é mais o da cartografia, com seus quadriculados de longitudes e latitudes. Ele se tornou uma história agitada da qual nós somos meros participantes entre outros, os quais, por sua vez, reagem a outras reações. Parece que estamos aterrissando em plena *geo-história*.[41]

Prosseguir em direção ao Global era avançar sempre mais longe rumo a um horizonte infinito, empurrar sempre mais adiante uma fronteira ilimitada. Ao contrário, se nos virássemos para a direção oposta (para o Local), nutriríamos a esperança de reencontrar a segurança de uma fronteira estável e de uma identidade garantida.

Se hoje é difícil entender a que época pertencemos, é porque esse terceiro atrator é ao mesmo tempo conhecido por todos e completamente estranho.

Não há dúvidas de que o Terrestre é um Novo Mundo, mas um que não se parece em nada com aquele que os Modernos haviam outrora "descoberto", e que presumiram de saída estar despovoado. Ele não é uma nova *terra incógnita* para exploradores com *salacots*.[42] De maneira alguma se trata de uma *res nullius*, pronta para apropriação.

Ao contrário, os Modernos encontram-se migrando para uma terra, um *terroir*, solo, campo, terreno – não importa como o chamem – que já está ocupado, povoado desde sempre. E que, mais recentemente, encontrou-se *repovoado* por uma multidão formada por aqueles que perceberam, muito antes

---

[41] O tema da geo-história foi introduzido por um famoso artigo de Dipesh Chakrabarty , "The climate of history: Four theses", *Critical Enquiry*, 35, inverno de 2009, p. 197–222. Em português, foi publicado como "O clima da historia: quatro teses", in Sopro, n. 91, p. 4–22, 2013. [trad. Denise Bottmann, Fernanda Ligocky, Diego Ambrosini, Pedro Novaes, Cristiano Rodrigues, Lucas Santos, Regina Felix e Leandro Durazzo; coord. e rev.: Idelber Avelar].

[42] Chapéu de abas largas que acabou se tornando um símbolo do colonialismo. (N.E.)

que outros, que era preciso fugir o mais rápido possível da injunção a se modernizar.

Neste novo mundo, o espírito moderno se sente em uma espécie de exílio. Ele precisará aprender a conviver com aqueles que, até então, considerava arcaicos, tradicionais, reacionários ou simplesmente "locais".[43] No entanto, por mais antigo que esse espaço seja, ele se tornou novo para todo mundo, pois, a julgar pelas discussões dos especialistas do clima, *não há qualquer precedente* para a situação atual. Eis nossa *wicked universality*, essa falta universal de terra.

O que chamamos de civilização, isto é, os hábitos que adquirimos ao longo dos dez últimos milênios, desenvolveu-se, como explicam os geólogos, em uma época e em um espaço geográfico surpreendentemente estáveis. O Holoceno (o nome dado a essa época) tinha todas as características de um "quadro" no interior do qual era possível identificar sem muito esforço a ação dos humanos, da mesma forma que, no teatro, podemos esquecer a edificação que abriga a peça e os bastidores para nos concentrarmos apenas na intriga.

Mas esse não é mais o caso do Antropoceno, esse termo polêmico com o qual alguns especialistas pretendem nomear a época atual.[44] Agora, não se trata mais de pequenas flutua-

---

[43] O escritor Michel Tournier retratou muito bem essa figura do espírito moderno em reaprendizagem por meio de seu Crusoé, a quem Sexta-Feira deve explicar pacientemente como se comportar em sua ilha para deixar de ser um estrangeiro. Uma inversão tão completa dos laços entre proprietário e propriedade que Crusoé decide, no fim das contas, permanecer na ilha Speranza! Ver Michel Tournier, *Vendredi ou les limbes du Pacifique*, Paris: Gallimard, 1967.

[44] Clive Hamilton, Christophe Bonneuil e François Gemenne, *The Anthropocene and the Global Environment Crisis: Rethinking Modernity in a New Epoch*, Londres: Routledge, 2015.

ções climáticas, mas de uma perturbação que mobiliza o próprio sistema terrestre.[45]

É claro que os humanos sempre modificaram o meio ambiente, mas este termo se referia apenas ao seu entorno, aquilo que precisamente os circundava. Eles seguiam sendo os personagens centrais, e o que faziam era apenas modificar de raspão o cenário de seus dramas.

Hoje, esse mesmo cenário, os bastidores, o proscênio e a própria edificação do teatro estão presentes no palco e disputam com os atores o papel principal. Isso muda todo o enredo e sugere outros desfechos. Os humanos não são mais os únicos atores, ainda que acreditem desempenhar um papel muito mais importante do que realmente possuem.[46]

A única coisa que sabemos com certeza é que não mais podemos nos contar as mesmas histórias. O suspense prevalece em todas as frentes.

Voltar atrás? Reaprender as velhas receitas? Olhar com outros olhos as sabedorias milenares? Aprender com algumas culturas que ainda não foram modernizadas? É claro que sim, mas sem se deixar convencer pelas ilusões: também para elas nunca houve nada parecido.

Nenhuma sociedade humana, por mais sábia, perspicaz, prudente, cautelosa que possamos imaginar, nunca precisou lidar com as reações do sistema terra às ações de oito a nove bilhões de humanos. Toda a sabedoria acumulada durante

---

[45] Uma extraordinária apresentação pode ser encontrada em Timothy Lenton, *Earth System Science*, Oxford: Oxford University Press, 2016.

[46] Daí decorre a vigorosa disputa sobre a volta ou não da figura do humano como ator principal. Para citar dois extremos: Donna Haraway, *Staying with the Trouble: Making Kin in the Chtulucene*, Durham: Duke University Press, 2016; e Clive Hamilton, *Defiant Earth: The Fate of Humans in the Anthropocene*, Cambridge: Polity Press, 2017.

dez mil anos, mesmo se conseguíssemos redescobri-la, nunca se aplicou a mais que centenas, milhares ou alguns milhões de seres humanos habitando um palco relativamente estável.

Não entendemos nada sobre a vacuidade da política atual, se não temos a dimensão da falta de precedentes para essa situação. Há de se ficar verdadeiramente espantado.

Mas ao mesmo tempo, pelo menos fica mais fácil entender a reação dos que decidiram fugir. Como aceitar seguir de modo voluntário na direção desse atrator, quando íamos tranquilamente em direção ao horizonte da globalização universal?

Aceitar encarar uma situação como essa é ver-se como o herói do conto de Edgar Allan Poe, *Uma descida no Maelström*.[47] Na trama, o que distingue o único sobrevivente das vítimas afogadas é a fria atenção com a qual o velho marinheiro das ilhas Lofoten analisa o movimento dos destroços que o redemoinho faz girar à sua volta. Quando o navio é arrastado para o abismo, o narrador acaba sobrevivendo ao se agarrar em um barril vazio.

Devemos ser tão astuciosos quanto esse velho marinheiro: não pensar que vamos nos safar, prestar atenção aos escombros e suas derivas. Só isso talvez nos permita distinguir, num instante, por que alguns destroços são aspirados para o fundo, enquanto outros, devido à sua forma, podem servir como salva-vidas. "Meu reino por um barril!"

10 —

Se existe um assunto que merece de nós uma detida atenção, é a condição de que desfruta a ecologia no mundo moderno.

---

[47] Agradeço a Aurélien Gamboni e Sandrine Tuxeido por me sugerirem a relação entre Poe e a crise climática.

De fato, esse território ao mesmo tempo tão antigo e tão tragicamente novo, esse Terrestre sobre o qual seria preciso aterrar, já foi todo esquadrinhado, em todos os sentidos, pelo que podemos chamar de "movimentos ecológicos". Foram os "partidos verdes" que tentaram torná-lo o novo eixo da vida pública e que, desde o início da revolução industrial, mas sobretudo a partir do pós-guerra, apontaram para o terceiro atrator.[48]

Enquanto a flecha do tempo dos Modernos empurrava todas as coisas para a globalização, a ecologia política tentava atraí-las para esse outro polo.

Para sermos justos, é preciso concordar que a ecologia teve tanto êxito em transformar tudo em vigorosas controvérsias – desde a carne de vaca até o clima, passando pelas cercas-vivas, pelas zonas húmidas, pelo milho, pelos pesticidas, pelo diesel, pelo urbanismo ou mesmo pelos aeroportos – que cada objeto material acabou ganhando uma "dimensão ecológica" própria.

Graças a ela, não há mais um projeto de desenvolvimento que não suscite protesto, não há mais proposta que não suscite sua oposição. Os números não mentem: os atores políticos mais assassinados hoje em dia são os ambientalistas. E, como vimos, é precisamente sobre a questão do clima que se concentra a recusa dos negacionistas.

A ecologia conseguiu, assim, incomodar a política com objetos que, até então, não faziam parte das preocupações usuais da vida pública. Ela conseguiu liberar a política de uma definição muito limitada do mundo social. Neste senti-

---

[48] Ver Serge Audier, *La Société et ses ennemis. Pour une histoire alternative de l'émancipation*, Paris: La Découverte, 2017. Sobre a antiguidade da preocupação que nós chamamos retrospectivamente de "ecológica", a qual remonta em especial às tradições românticas.

do, a ecologia política foi muito bem-sucedida em introduzir novos desafios no espaço público.[49]

Modernizar ou ecologizar passou, portanto, a ser a escolha vital. Todos concordam com isso. No entanto, a ecologia fracassou. Todos também concordam com isso.

Para onde quer que se olhe, os partidos verdes continuam sendo partidos inexpressivos. Nunca sabem com que pé dançar. Quando se mobilizam em torno de questões "de natureza", os partidos tradicionais se opõem a eles em defesa dos interesses humanos. Quando os partidos verdes se mobilizam em torno de "questões sociais", aqueles mesmos partidos tradicionais lhes perguntam: "Mas, afinal, qual é a seara de vocês?".[50]

Após cinquenta anos de militância verde, com raríssimas exceções, as pessoas continuam a opor a economia à ecologia, as exigências do desenvolvimento às da natureza, as questões de injustiça social à atividade do mundo vivo.

Para não sermos injustos com os movimentos ecológicos, convém situá-los em relação aos três atratores, a fim de compreendermos a causa de seu fracasso provisório.

O diagnóstico é bem simples: os ecologistas tentaram não ser nem de direita, nem de esquerda, nem arcaicos, nem progressistas, sem conseguir escapar da armadilha montada pela flecha do tempo dos Modernos.

Comecemos abordando essa dificuldade, valendo-nos de nosso esquema simplório para pensar essa triangulação.

---

49 Bruno Karsenti e Cyril Lemieux, em *Socialisme et sociologie*, Paris: Éditions de l'EHESS, 2017, acabam admitindo, com infinitas precauções, que a ecologia pode ter algo a dizer sobre uma "sociedade" que até mesmo Durkheim teria aceitado expandir.

50 Sobre todos esses pontos, agradeço a Anne Le Strat por ter compartilhado comigo sua experiência de política eleita junto ao Conselho de Paris.

(Veremos mais à frente por que a própria noção de "natureza" terminou por consolidar essa situação.)

De fato, existem pelo menos dois modos de "ultrapassar", como se costuma dizer, a divisão Direita/Esquerda. É possível, por um lado, se situar *no meio* dos dois extremos, ao longo do vetor tradicional (linha 1–2). Mas também se pode redefinir o vetor ligando-se ao terceiro atrator, que obriga a redistribuir a faixa das posições Esquerda/Direita segundo outro ponto de vista (as linhas 1–3 e 2–3 na figura 5).

Vários são os partidos, os movimentos, os grupos de opinião que quiseram descobrir uma "terceira via" entre liberalismo e localismo, abertura e defesa das fronteiras, emancipação dos costumes e liberalização econômica.[51] Se eles fracassaram até então, foi por não terem conseguido imaginar outro sistema de coordenadas a não ser aquele que os reduzia à impotência já de saída.

Se a questão é "sair da oposição Esquerda/Direita", não convém se posicionar *no centro* do antigo eixo, enfraquecendo a própria capacidade de discriminar, de lapidar, de decidir. Dada a intensidade das paixões suscitadas quando a gradação Esquerda/Direita é questionada, não deveríamos confundi-la com um novo centro, um novo pântano, uma nova covardia.

Muito ao contrário: como se pode perceber no triângulo, melhor seria *girar a linha do front*, modificando o *conteúdo* dos objetos de disputa que originaram a distinção Direita/Esquerda – ou mais precisamente as Direitas e as Esquerdas, hoje tão numerosas e tão emaranhadas que, quando nos valemos desses rótulos, quase não sobra mais nada do

---

[51] Vemos isso acontecer de Blair a Macron. Mas também, de forma mais preocupante, em teoria social. Ver Anthony Giddens, *Beyond Left and Right: The Future of Radical Politics*, Londres: Polity Press, 1994.

poder de ordenamento que esse sistema clássico de coordenadas possuía.

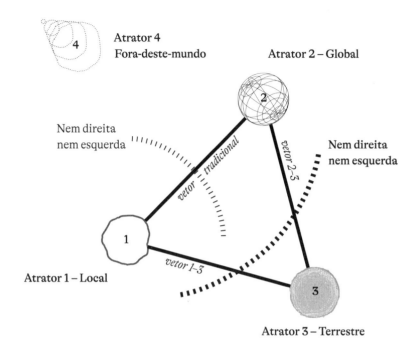

Figura 5 Dois modos de situar o mesmo slogan "nem esquerda nem direita".

O mais estranho disso tudo é que parece ser impossível modificar esse vetor Esquerda/Direita, como se ele estivesse gravado no mármore, ou melhor, no coração de todos os cidadãos – ao menos, no dos cidadãos franceses – há dois séculos, ainda que se admita que tais divisões estão obsoletas. Isso é prova de que, por falta de um outro vetor, sempre recaímos na mesma divisão, repetição essa que é tão mais estridente quanto menos pertinência possui, como se fosse uma serra circular serrando no vazio.

11 —

De todo modo, deve haver uma forma de desorganizar esse famoso *semicírculo mental* que alista numa fileira primeiro a extrema-esquerda, depois a esquerda, o centro, em seguida a direita, terminando com a extrema-direita. Tudo isso porque, em 1789, os políticos eleitos tinham por hábito se organizarem dessa forma diante do presidente da seção para votar alguma obscura questão envolvendo o veto real.

E no entanto, por mais rudimentar e contingente que seja, essa gradação organiza todas as pesquisas, todos os discursos, todas as classificações; ela serve a todas as eleições, assim como a todas as narrativas históricas, pautando até mesmo nossas reações mais viscerais.[52] Quanto peso depositado nas expressões "Direita" e "Esquerda"; quantas torrentes de emoção suscitadas quando alguém pronuncia os seguintes julgamentos: "Mas é um sujeito de extrema-direita!", "Cuidado com ela, é uma esquerdista!".

É difícil saber, ao menos por agora, como renunciar a tal carga de afetos. A ação pública deve ser orientada para uma meta plausível. Por mais discutível que seja a palavra "progressista", é pouco provável que mobilizemos o que quer que seja sugerindo às pessoas "regressar". Diante do "fim do progresso", da perspectiva de levar uma vida pior que a de nossos pais, do projeto de aprender a se encolher aos poucos, vai ser difícil entusiasmar as massas...[53]

Se a intenção é se reorientar em política, talvez seja sensato, como forma de garantir a continuidade entre as lutas

---

[52] É o sentido que Gilles Deleuze costuma dar para essa diferença: ela seria de natureza não contingente.

[53] Esse é o problema dos afetos provocados pelo tema do decrescimento. No horizonte moderno, não podemos começar a decrescer sem regredir; →

passadas e as do futuro, não buscar nada que seja mais complicado do que uma oposição entre dois termos.[54] Não mais complicada, mas orientada de outra forma.

Ao observarmos o triângulo da figura 5, notamos que é possível manter o princípio de um vetor ao longo do qual se pode distinguir os "reacionários" dos "progressistas" (se quisermos ainda conservar esses rótulos), desde que possamos modificar o *conteúdo* das causas a serem defendidas.

Afinal de contas, uma bússola não é nada mais que um ponteiro imantado e uma massa magnética; o que precisamos agora descobrir é o *ângulo* desenhado por essa agulha e a *composição* dessa massa.

Seguimos aqui a hipótese de que o ponteiro girou 90 graus, passando a apontar na direção daquele poderoso atrator cuja originalidade ainda hoje nos surpreende e que, apesar das aparências, não partilha das mesmas prioridades que os dois outros vetores entre os quais a política transitava desde o início da época dita moderna.

A pergunta passa a ser a seguinte: é possível conservar o princípio do conflito próprio à vida pública, mas fazendo-o mudar de orientação?

Ao nos reorientarmos na direção do terceiro atrator, talvez possamos desembaraçar os elementos que as noções de Esquerda e Direita trataram de sintetizar, abrigar e envolver ao longo do período moderno que está em vias de terminar.

→ para tanto, seria preciso mudar de horizonte. Por isso, é importante propor outros termos, talvez o da prosperidade, como sugere Maylis Dupont. No novo vetor, se não podemos mais progredir, ao menos podemos esperar *prosperar*.

54 Agradeço a Pierre Charbonnier por ter ressaltado a importância dessa continuidade. As próximas eleições devem muito ao seu novo trabalho em curso. Ver também Pierre Charbonnier, Bruno Latour e Baptiste Morizot, "Rédécouvrir la Terre", *Tracés*, 2017, p. 227–252.

A fissura provocada pelo atrator Terrestre nos obriga a abrir esse embrulho e examinar, peça por peça, se elas se comportam segundo o que delas era esperado – o que aprenderemos gradualmente a chamar de "movimento", "avanço" e mesmo "progressão" – ou se, ao contrário, elas vêm funcionando num outro sentido – o que poderemos, a partir de então, chamar de "regressão", "abandono", "traição" e "reação".

É possível que essa análise complique um pouco o jogo político, mas talvez crie também margens de manobra inesperadas.

Podemos nos voltar na direção do atrator Terrestre partindo do sonho impossível (e atualmente expirado) de acesso ao Global (a reta 2–3 do esquema), mas também a partir do horizonte, distante como sempre, do retorno ao Local (na reta 1–3).

Por meio desses dois eixos podemos identificar as *negociações* delicadas que serão necessárias para *deslocar* os interesses daqueles que continuam fugindo em direção ao Global e dos que seguem se refugiando no Local, a fim de atrair seu interesse a respeito desse novo atrator (figura 6).[55]

Se queremos uma definição (ainda que bastante abstrata) da nova política, é a essa negociação que será preciso se ater. Teremos que buscar aliados entre as pessoas que, conforme a antiga gradação, eram claramente "reacionárias". E, claro, será preciso também forjar alianças com pessoas que, de acordo com a antiga referência, eram claramente "progressistas", talvez liberais, e até mesmo neoliberais!

Por que milagre essa operação de reorientação funcionaria exatamente onde fracassaram todos os esforços para

---

[55] Anna Tsing propõe um esquema melhor que o esboçado aqui: o dela consiste em apreender toda e qualquer questão como sendo puxada em diferentes direções pelos quatro atratores. Esse outro esquema é de fato mais realista, porém mais difícil de ser representado de maneira simples. Comunicação pessoal, Aaarhus, jun 2016.

"sair da oposição Esquerda/Direita", "ultrapassar a divisão" ou "procurar uma terceira via"?

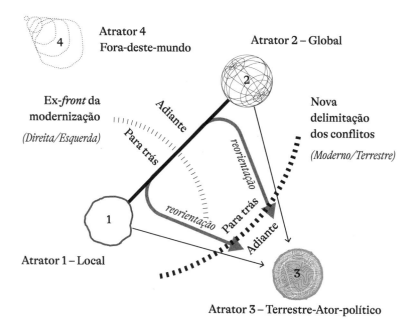

Figura 6 Um novo jogo de alianças.

Por uma simples razão relacionada à própria noção de orientação. Apesar do que parece, não são as *atitudes* que contam em política, mas a forma e o peso do *mundo* aos quais essas atitudes têm por função responder.

A política sempre foi orientada para os objetos, para os riscos, para as situações, matérias, corpos, paisagens, lugares. O que chamamos de valores a serem defendidos são sempre respostas aos desafios impostos por um território que devemos saber descrever.[56] Essa é, de fato, a descoberta decisiva da ecolo-

---

[56] Bruno Latour e Peter Weibel, *Making Things Public: Atmospheres of Democracy*, Cambridge: MIT Press, 2005.

gia política: trata-se de uma política orientada ao objeto.[57] Ao mudar os territórios, você acaba mudando também as atitudes.

O ponteiro da bússola se agita loucamente, girando para todos os lados, mas se ele termina por se estabilizar, é porque a massa magnética exerceu sobre ele sua influência.

O único elemento reconfortante da situação atual é que outro vetor vai ganhando cada vez mais realismo. O vetor Moderno/Terrestre (figura 6) poderia se tornar uma alternativa plausível, perceptível, sensível à dicotomia Esquerda/Direita ainda tão acentuada.

É bem fácil designar os que poderiam ser classificados como os novos adversários: todos os que continuam a direcionar sua atenção para os atratores 1, 2 e, principalmente, 4. Trata-se de três utopias, no sentido etimológico da palavra, lugares sem *topos*, sem terra e sem solo: o Local, o Global e o Fora-do-Solo. Ao mesmo tempo, esses adversários também são os *únicos aliados potenciais*. Então são eles que devem ser convencidos a mudar de direção.

Nossa prioridade, portanto, consiste em saber como se dirigir àqueles que, não sem razão, sentindo-se abandonados pela traição histórica das classes dirigentes, imploram que lhes seja garantida, a qualquer custo, a segurança de um espaço protegido. Na lógica (bem frágil) de nosso esquema, trata-se de fazer orbitar em torno do Terrestre as energias que estavam direcionadas para o atrator Local.

A pretensão que podemos considerar ilegítima é a de desenraizamento, não de pertencimento. Pertencer a um solo, querer nele permanecer, cuidar da terra, criar vínculos com esse lugar, só se tornou "reacionário", como vimos, por contraste

---

[57] Noortje Marres, *Material Participation: Technology, the Environment and Everyday Publics*, Londres: Palgrave, 2012. É a Marres que devemos o belo slogan: "No issue, no politics." ["Se não há questão, não há política."].

com a *fuga adiante* exigida pela modernização. Se pararmos de fugir, o que se tornará o desejo de vinculação?

A negociação – a confraternização? – entre os defensores do Local e do Terrestre deve se basear na importância, na legitimidade, na necessidade mesma de pertencimento a um solo, mas sem confundir precipitadamente tal necessidade – e é nisso que reside toda a dificuldade do processo – com aquilo que o Local acrescentou: a homogeneidade étnica, o patrimonialismo, o historicismo, a nostalgia, a falsa autenticidade.

Ao contrário, não existe nada mais inovador, nada mais presente, sutil, técnico, artificial (no bom sentido dessa palavra), nada menos rústico e campestre, nada mais criador, nada mais contemporâneo do que negociar a aterragem sobre um solo.

Não se deve confundir o retorno da Terra com o "retorno à terra" que suscita tão triste memória.[58] É exatamente esse o desafio de movimentos como o Occupy Wall Street nos Estados Unidos e as Zonas a Defender (ZADs) na França:[59] repolitizar o pertencimento a um solo.

[58] O autor se refere à política do "retorno à terra" promovida pelo governo de Vichy, por ocasião da ocupação da França pela Alemanha nazista, durante a Segunda Guerra Mundial. (N.R.T.)

[59] Referência às ZADs (*Zones à Defendre*, em francês), ocupações militantes que visam a impedir a realização de megaprojetos de investimento em áreas de vocação ecológica e/ou agrícola na França. A sigla é uma apropriação da expressão "zona de ordenamento especial" (*zone d'aménagement différé*), empregada pelo governo francês para designar os terrenos destinados a tais projetos de desenvolvimento. Possivelmente a ZAD mais conhecida é a que começou a se organizar ainda nos anos 1970 contra a construção de um aeroporto na cidade de Notre-Dame-des-Landes, situada no oeste da França. Em janeiro de 2018, o projeto foi finalmente abandonado, mas três meses depois o governo iniciou uma violenta ofensiva para expulsar os ocupantes locais; mesmo após as expulsões e a destruição das moradias, muitos permaneceram na área, seja negociando a legalização da ocupação, seja se restabelecendo à força. (N.R.T.)

A distinção entre o Local e essa nova concepção de solo é ainda mais importante, na medida em que será preciso criar do zero os locais que os diferentes tipos de migrantes virão habitar. Enquanto o Local oferece a possibilidade de se diferenciar por meio do fechamento, o Terrestre permite a diferenciação pela abertura.

E é nesse aspecto que intervém o outro ramo da negociação, aquele direcionado aos que buscam atalhos em direção ao Global. Assim como é preciso canalizar a necessidade de proteção para fazê-la girar em direção ao Terrestre, também se deve mostrar, aos que se lançam na direção da globalização-menos, o quanto ela não permite o acesso desejado ao Globo e ao mundo.

Isso porque o Terrestre, estando vinculado à terra e ao solo, é também uma forma de *mundificação*, já que não se restringe a nenhuma fronteira e transborda todas as identidades.

É nesse sentido que ele resolve o problema espacial tratado anteriormente: não há Terra que corresponda ao horizonte infinito do Global, mas, ao mesmo tempo, o Local é estreito demais, mesquinho demais para acomodar a multiplicidade dos seres que compõem o mundo terrestre. É por isso que a tentativa de alinhar o Local e o Global como perspectivas consecutivas ao longo de um mesmo percurso nunca fez sentido algum.

Quaisquer que sejam as alianças que precisarão ser criadas, o fato é que não seremos capazes de fazê-las se continuarmos falando de atitudes, afetos, paixões e posições políticas, enquanto o mundo real no qual a política vinha sendo praticada mudou completamente.

Em outras palavras, estamos *atrasados* na tarefa de reformular nossos afetos políticos. É por isso que deve começar o quanto antes essa operação e colocar a nova massa magnética diante da bússola tradicional, para que possamos ver a direção que ela vai indicar e o modo como nossas emoções serão redistribuídas.

De nada adiantaria dissimular as dificuldades envolvidas nessa mudança de direção: o combate será duro. O tempo que passamos investindo no antigo vetor Esquerda/Direita acabou atrasando as mobilizações e as negociações necessárias. Foi justamente isso que desacelerou a ascensão dos partidos ecológicos: eles quiseram se situar *entre* a Direita e a Esquerda ou tentar "ultrapassar" essa oposição, sem, todavia, jamais especificar o local de onde tal "ultrapassagem" poderia ser feita. Como não conseguiram dar um passo ao lado, viram-se esmagados pelos dois atratores, estes também cada vez mais esvaziados de qualquer tipo de realidade. Não é de se espantar, nesse sentido, que os demais partidos políticos também estejam dando voltas no vazio.

Já não começamos então a distinguir, de forma mais precisa a cada dia, as premissas de um novo afeto capaz de reorientar de modo duradouro as forças atuais? Já não estamos começando a nos perguntar: *afinal, somos Modernos ou Terrestres?*

Os cientistas políticos dirão que não pode haver orientação mais fundamental sobre valores políticos do que as que dizem respeito à oposição entre Esquerda e Direita; a essa afirmação, os historiadores poderiam responder: "Por acaso existiam pessoas 'de direita' e 'de esquerda' antes do século XVIII?".

O importante aqui é poder sair do impasse imaginando um conjunto de novas alianças: "Você nunca foi de esquerda? Não tem problema, eu também não; mas assim como você, sou *radicalmente Terrestre!*". Há um conjunto de posições que precisaremos aprender a reconhecer, antes que os militantes da *extrema-Moderna* destruam completamente a cena...

12 —

A prova de que o movimento ecológico não conseguiu definir com suficiente precisão esse grande ator político, o Terrestre, é que a ecologia não soube produzir uma mobilização social à altura dos desafios. Ficamos sempre surpresos ao ver a distância que existe entre a potência dos afetos suscitados pela questão social desde o século XIX e a potência dos movimentos ecológicos desde o pós-guerra.

Um bom indicador dessa distância é o admirável livro de Karl Polanyi, *A grande transformação*.[60] O que é desolador, ao ler Polanyi, não é constatar que ele se enganou ao acreditar que os danos do liberalismo seriam coisa do passado, mas sim ele ter pensado que tais danos provocaram apenas uma única reação àquilo que podemos chamar de *a grande imobilidade* das referências políticas.

Como seu livro é de 1945, os setenta anos seguintes demarcaram com precisão o lugar, lamentavelmente vazio, da outra *grande transformação* que deveria ter ocorrido, caso os movimentos ecológicos tivessem sabido assimilar, prolongar e ampliar a energia criada pelos diferentes tipos de socialismos.

No entanto, essa transmissão nunca efetivamente aconteceu. Como não souberam unir suas forças de modo eficaz, o socialismo e o ambientalismo foram capazes apenas de desacelerar o curso da história, ainda que ambos tivessem por objetivo transformá-la.

Se não puderam concretizar suas ambições, foi por acreditarem que era preciso escolher entre se ocupar ou das questões sociais ou das questões ecológicas, enquanto o que estava realmente em jogo era outra escolha, muito mais decisiva,

---

60 Karl Polanyi, *The Great Transformation*, op. cit.

que dizia respeito a *duas direções* da política: uma que define as questões sociais de modo muito restrito e outra que define os riscos para a sobrevivência sem estabelecer diferenças *a priori* entre humanos e não humanos. A escolha que precisa ser feita é, portanto, entre uma definição limitada dos laços sociais que compõem uma sociedade e uma definição ampla *das associações* que formam aquilo que tenho chamado de "coletivos".[61]

Essas duas direções não apontam para atores diferentes. Para recorrer a um clichê, não seria o caso de ter de escolher entre o salário dos operários e o destino dos passarinhos, mas entre dois tipos de mundo em que há, *em ambos*, salários de operários *e* passarinhos, só que *combinados de formas distintas* em cada um deles.

A questão, assim, passa a ser: por que o movimento social não abraçou logo de saída as questões ecológicas *como se fossem suas*, o que lhe teria permitido evitar sua obsolescência e prestar apoio ao ainda débil movimento ecológico? Ou, invertendo a pergunta, por que a ecologia política *não soube pegar o bastão da questão social* e avançar?

Durante esses setenta anos que os especialistas chamam de a Grande Aceleração,[62] tudo sofreu uma metamorfose: as forças do mercado foram liberadas, a reação do siste-

---

[61] As dificuldades que os sociólogos do social enfrentam para meramente situar a sociologia das associações (também chamada de "ator rede") oferecem, ainda que em menor escala, um paralelo quase perfeito com a lentidão dos movimentos socialistas para saber o que fazer das questões ecológicas. Lembremos que sugerimos o uso do termo "coletivo" para substituir a palavra "social", alargando com isso a gama das associações que podem ser *coletadas*. Bruno Latour, *Changer de société – Refaire de la sociologie*, Paris: La Découverte, 2006.

[62] O termo assinala o crescimento exponencial dos impactos da atividade humana sobre o planeta, crescimento atribuído, por convenção, ao período do pós-guerra. A Grande Aceleração pode ser pensada como a versão distópica dos "Trinta Gloriosos". Will Steffen, Wendy Broadgate, →

ma terra foi provocada. No entanto, seguimos definindo uma política como progressista ou reacionária segundo um mesmo e único vetor – o da modernização e o da emancipação.

Temos de um lado, portanto, enormes transformações, e, do outro, uma quase total imobilidade na definição, no posicionamento e nas aspirações associadas à palavra "socialismo". Nesse sentido, vale lembrar, aliás, das enormes dificuldades que as feministas encontraram para que suas lutas fossem consideradas relevantes, já que por muito tempo foram tratadas como "periféricas" em relação às batalhas por transformação social. A bússola do socialismo parecia emperrada.[63]

Em lugar de unirmos essas revoltas, fomos capazes apenas de vivenciar, em estado de quase total impotência, a Grande Aceleração, a derrota do comunismo, o triunfo da globalização-menos e a esterilização do socialismo, tudo culminando no grande circo que foi a eleição de Donald Trump! Isso sem falar nas outras catástrofes que nos fazem tremer só de imaginá-las.

Enquanto esses acontecimentos transcorriam, ficamos presos a uma oposição mal resolvida entre conflitos "sociais" e "ecológicos", como se estivéssemos lidando com dois conjuntos distintos entre os quais não pudéssemos escolher – tal qual o famoso asno de Buridan[64] que permanece hesitante enquanto morre de fome ou de sede. Mas a natureza

→ Lisa Deutsch, Owen Gaffney e Cornelia Ludwig, "The trajectory of the anthropocene: The great acceleration", *The Anthropocene Review*, 1–18, 2015.

63 Bloqueio esse evidenciado também pelas contínuas queixas sobre o "fim do espírito revolucionário", sobre a necessidade de "inventar novas utopias" ou de propor "novos mitos mobilizadores" – tantas maneiras de sonhar acordado com a mesma trajetória histórica.

64 O autor se refere aqui ao paradoxo filosófico que trata do conceito de Livre Arbítrio. (N.E.)

não é mais um saco de grãos do que a sociedade é um balde de água... Se não há escolha a fazer, é pela excelente razão de que não há humanos legítimos de um lado e objetos não humanos do outro.

A ecologia não é o nome de um partido, nem um tipo de preocupação, mas sim um apelo para mudarmos de direção: "Rumo ao Terrestre".

13 —

Mas como explicar essa interrupção no sistema que organizava a indignação coletiva?

A antiga matriz que permitia distinguir os "progressistas" dos "reacionários" se definia, desde a irrupção da "questão social" no século XIX, pela noção de *classes sociais*, elas também dependentes do tipo de posição que ocupavam naquilo que chamávamos de "processos de produção".

Ainda que muito se tenha tentado atenuar as oposições de classe e até mesmo convencer de que elas não faziam mais sentido, foi em torno dessas oposições que a política se organizou.

A eficácia das interpretações da vida pública em termos de luta de classes decorria do caráter aparentemente material, concreto, empírico dessa definição de categorias antagônicas. É por essa razão que tais interpretações foram consideradas como "materialistas" e geralmente se apoiavam no que chamávamos de uma ciência econômica aplicada.

A despeito de todas as revisões que sofreram, interpretações dessa ordem serviram muito bem durante todo o século XX. Ainda hoje, são elas que permitem identificar quem "avança" e quem "trai as forças do progresso" (ainda que, não custa repetir, as atitudes possam divergir se o assunto for, por exemplo, valores morais ou economia). De um modo geral, podemos afirmar que permanecemos marxistas.

Se recentemente essas definições passaram a girar em falso, é porque a análise em termos de classes sociais e o materialismo que a tornava possível eram claramente definidos pelo atrator que chamamos de Global, o qual se encontra, em nosso esquema, em posição oposta ao Local.

Os grandes fenômenos da industrialização, da urbanização e a ocupação das terras colonizadas definiam um horizonte – temível ou radiante, pouco importa – que dava sentido e direção ao ideal de progresso. E isso por uma boa razão: tal progresso tirava da miséria, ou mesmo do jugo da dominação, centenas de milhões de seres humanos, de cujas ações deveriam se dirigir para a emancipação tida como inevitável.

Apesar dos constantes desentendimentos, Direitistas e Esquerdistas só competiam, no fim das contas, para saber quem seriam os modernizadores mais definitivos, qual lado alcançaria mais rapidamente o mundo Global, ao mesmo tempo em que divergiam sobre se o melhor modo de proceder era a reforma ou a revolução. Mas nenhuma das correntes jamais tentou explicar aos povos em processo de modernização para *que mundo* exatamente o progresso os acabaria levando.

O que elas não previram (ainda que pudessem perfeitamente ter previsto!)[65] é que aquele horizonte de progresso se transformaria, pouco a pouco, justo num mero *horizonte*, uma simples ideia regularizadora, um tipo de utopia cada vez mais vaga, à medida que começou a faltar Terra para dar corpo àquela ideia. Até que o acontecimento de 13 de dezembro de 2015 – a conclusão da COP21, mencionada no início deste

---

[65] Pierre Charbonnier, "Le socialisme est-il une politique de nature? Une lecture écologique de Karl Polanyi", *Incidences*, 11, 2015, p. 183-204.

ensaio – finalmente oficializou, de certo modo, a constatação de que não existe mais Terra capaz de corresponder ao horizonte do Global.

Se as análises em termos de classe nunca permitiram às Esquerdas resistir por muito tempo a seus inimigos – o que explica o fracasso das previsões de Polanyi sobre a extinção do liberalismo –, é porque elas nutriam uma definição do mundo material tão abstrata, tão ideal (para não dizer idealista) que elas nunca foram capazes de compreender essa nova realidade.

Para ser materialista, é preciso que haja uma matéria; para oferecer uma definição mundana de uma atividade, é preciso haver um mundo; para ocupar um território, é preciso que haja uma terra; para se lançar na *Real Politik*, é preciso existir uma realidade.

No entanto, ao longo de todo o século XX, enquanto proliferavam análises e experiências fundadas em uma definição clássica da luta de classes, uma metamorfose da própria definição da matéria, do mundo, da terra sobre a qual tudo se apoiava acontecia, mais ou menos sub-repticiamente; de todo modo, sem que muita atenção fosse dada por parte das Esquerdas.

Desde então, a questão passou a ser definir as lutas de classe de modo mais realista, levando em conta essa nova materialidade, esse novo materialismo, impostos pela orientação em direção ao Terrestre.[66]

---

[66] Retomamos aqui a questão proposta pelo livro de Naomi Klein, *This Changes Everything: Capitalism vs. the Climate*, Nova York: Simon & Schuster, 2014, tentando entender por que, justamente, tão poucas coisas mudam devido à estabilidade das referências políticas – e, em particular, devido à anestesia causada pelo termo "capitalismo".

Polanyi superestimou as capacidades de resistência da sociedade à mercadologização, porque contava com a mobilização de atores somente humanos e com sua consciência acerca dos limites da mercadoria e do mercado. Mas os humanos não foram os únicos a se revoltar... Polanyi não pôde, assim, prever a *incorporação* de extraordinárias forças de resistência aos conflitos de classes, capazes mesmo de transformar o que neles estava em jogo. O desfecho dessas disputas só será diferente se todos os rebeldes, por mais entrelaçados que eles estejam, forem reconhecidos como combatentes.

Se as classes ditas sociais eram identificadas por seu lugar no sistema de produção, percebemos agora o quanto esse sistema era definido de forma demasiado restritiva.

Decerto, há muito tempo os analistas vêm acrescentando à estrita noção de "classes sociais" um aparato de valores, culturas, atitudes e símbolos para especificar suas próprias definições e explicar por que os grupos não seguem sempre os "interesses objetivos" de sua classe. E, no entanto, mesmo adicionando "culturas de classe" aos "interesses de classe", tais grupos não desfrutam de territórios suficientemente povoados, para que possam conformar uma realidade e tomar consciência de si próprios. Sua definição continua sendo social, demasiada social.[67] A questão é que, sob a luta de classes, existem outras classificações. Sob a "última instância", existem outras instâncias. Sob a matéria, há outros materiais.

---

[67] Ou então eles não conseguem sair de um modelo que novamente naturaliza a questão. Esse é o problema, por exemplo, de toda metáfora biológica, como a do "metabolismo". Daí a importância de redefinir as noções de natureza, para ter certeza de que elas não vão desativar a política que queríamos justamente reavivar. Ver Jason Moore, *Capitalism in the Web of Life: Ecology and the Accumulation of Capital*, Verso, Nova York, 2015, cujo próprio título repete o problema que tentamos delimitar aqui.

Timothy Mitchell demostrou muito bem que uma economia alicerçada sobre o carbono garantiu por muito tempo uma luta de classes eficaz; foi com a passagem do carvão ao petróleo que essa luta foi vencida pelas classes dirigentes.[68] No entanto, mesmo diante dessa mudança, as classes sociais seguiam se definindo da maneira tradicional: por exemplo, ainda como operários defendidos pelos sindicatos.

Mas para *definir* as classes seguindo o critério do *território*, não se pode classificá-las da mesma maneira que antes. O poder que os mineradores tinham de bloquearem a produção, de se organizarem no fundo das minas fora da vista de seus supervisores, de fazerem aliança com os ferroviários que operavam próximo a suas bases, de enviarem suas mulheres para se manifestarem em frente às janelas de seus patrões, tudo isso desaparece com o petróleo, essa fonte de energia controlada por um punhado de engenheiros expatriados em países distantes, liderados por pequeníssimas elites facilmente corruptíveis, cujo produto circula por oleodutos que são de fácil reparo em caso de dano. Se antes, com o carvão, os inimigos eram visíveis, com o petróleo eles se tornaram invisíveis.

Mitchell não enfatiza apenas a "dimensão espacial" das lutas operárias, o que seria um truísmo. Ele chama a atenção, com efeito, para as diferentes composições formadas pelo carvão ou pelo petróleo com a terra, os operários, os engenheiros e as empresas.[69] Com base nessas diferenças, aliás, ele chega à

---

[68] Timothy Mitchell, *Carbon Democracy: Political Power in the Age of Oil*, London: Verso, 2011.

[69] A obsessão de Trump com um retorno ao carbono (*King Coal*) oferece uma ilustração quase perfeita da nova geopolítica: uma utopia delirante e enfumaçada abrangendo todas as relações sociais que lhe são associadas em uma terra que não existe mais e numa época ultrapassada em cinquenta anos.

conclusão paradoxal de que foi a partir do pós-guerra – e graças ao petróleo – que passou a prevalecer uma concepção de economia que acredita poder se isentar de qualquer limite material!

O que agora parece estar muito claro é que a luta de classes depende de uma *geo-logia*. A introdução do prefixo "geo" não tornam obsoletos os 150 anos de análise marxista ou materialista. Ao contrário, ela obriga *a retomar a questão social*, deixando a nova geopolítica torná-la ainda mais *intensa*.

Já que a cartografia tradicional das lutas de *classes sociais* permite compreender cada vez menos a vida política – com as análises se limitando a lamentar que as pessoas "não seguem mais seus interesses de classe"–, precisamos ser capazes de esboçar um mapa *das lutas das localidades geo-sociais* como forma de finalmente identificar quais são os verdadeiros interesses nelas envolvidos, com quem é possível se aliar e quem será preciso enfrentar.[70]

O século XIX foi a era da questão social; o século XXI, por seu turno, é a era da *nova questão geo-social*. Se não conseguirem traçar um novo mapa, os partidos de Esquerda se assemelharão a arbustos atacados por gafanhotos: deles não restará mais que uma nuvem de poeira.

A maior dificuldade em desenhar esse mapa reside no fato de que, para encontrar os princípios que permitirão definir as novas classes e traçar as linhas de conflito entre seus interesses divergentes, deve-se aprender a desconfiar de definições como "matéria", "sistema de produção" e até mesmo

---

[70] Tomo emprestado o contraste estabelecido por Michel Lussault, *De la lutte des classes à une lutte des places*, Paris: Fayard, 2009, mas num sentido um pouco diferente, como veremos mais à frente. Reconheço que "geo-social" mantém o dualismo e coloca responsabilidade demais sobre o hífen. Esse é um daqueles casos em que é preciso colocar vinho novo em velhos odres.

das referências no espaço e no tempo que foram tão úteis para definir tanto as classes sociais quanto as lutas da ecologia.

Na verdade, uma das maiores peculiaridades da época moderna foi a proposição de uma definição tão pouco material, tão pouco terrestre, da matéria. A modernidade se vangloria de um realismo que ela nunca soube implementar. Afinal, como chamar de materialistas pessoas capazes de deixar a temperatura do planeta aumentar em 3,5° C, ou que impõem a seus concidadãos o papel de agentes da sexta grande extinção, sem sequer se darem conta disso?

Pode mesmo parecer estranho, mas quando os Modernos falam de política, nunca sabemos em qual domínio prático eles situam seu desdobramento. Em suma, "a análise concreta da situação concreta", como Lênin costumava dizer, nunca é suficiente. A ecologia sempre disse aos socialistas: "Se esforcem um pouco mais, senhores e senhoras materialistas, para se tornarem, enfim, materialistas!".

14 —

Se o amálgama – no sentido das guerras da Revolução Francesa –[71] entre os velhos veteranos da luta de classes e os novos recrutas dos conflitos *geo-sociais* ainda não foi possível, isso se deve ao papel que ambos atribuíram à "natureza". Esse é mais um daqueles casos em que, literalmente, as ideias conduzem o mundo.

Foi a confiança em uma certa concepção da "natureza" que autorizou os Modernos a ocuparem a Terra de tal manei-

---

[71] Uma das estratégias do Exército Revolucionário Francês estabelecido logo após a Revolução Francesa foi reunir nos mesmos regimentos jovens entusiastas da revolução e antigos oficiais do extinto Exército Real. (N.R.T.)

ra que impediu outros de habitarem de modo diferente seu próprio território.

Isso porque, para fazer política, precisamos de *agentes* que conjuguem seus interesses e capacidades de ação. Mas não se pode fazer alianças entre atores políticos e objetos, quando eles são considerados como exteriores à sociedade e desprovidos de potência de agir. O slogan genial dos ocupantes da ZAD de Notre-Dame-des-Landes expressa bem esse dilema: "Não defendemos a natureza, nós somos a natureza defendendo a si própria".[72]

Ora, a exterioridade atribuída aos objetos não provém de um dado da experiência: ela é, mais propriamente, o resultado de uma história político-científica muito particular que convém examinarmos brevemente, para que se possa devolver à política sua liberdade de movimento.

O papel das ciências na tarefa de sondar o Terrestre é inegável. Sem elas, o que saberíamos sobre o Novo Regime Climático? E como ignorar o fato de que elas se tornaram o alvo privilegiado dos negacionistas climáticos?

Ainda assim, é preciso compreender suas particularidades. Se aceitarmos de bom grado o que a epistemologia usual nos empurra goela abaixo, veremo-nos prisioneiros de uma concepção da "natureza" impossível de ser politizada, já que ela foi inventada precisamente para limitar a ação humana mediante o apelo a supostas leis de uma natureza objetiva que não poderiam ser questionadas. De um lado a liberdade, do outro a estrita necessidade: isso permite obter vantagens dos dois domínios.[73] Toda vez que pretendemos contar com a potência de

---

[72] Citado em <https://reporterre.net/Nous-ne-defendons-pas-la-nature-nous-sommes-la-nature-qui-se-defend>. Consultado em 1 jun 2020. Sobre as ZADs, cf. nota 59.

[73] Bruno Latour, *Politiques de la nature. Comment faire entrer les sciences en démocracie*, Paris: La Découverte, 1999.

agir de atores não humanos, encontramos a mesma objeção: "Nem pense nisso, trata-se de meros objetos; eles não podem reagir", tal como dizia Descartes a respeito dos animais, alegando que eles não poderiam sofrer.

Ao mesmo tempo, se nos opomos à "racionalidade científica" inventando um modo mais íntimo, mais subjetivo, mais enraizado, mais global – mais "ecológico", por assim dizer – de perceber nossos laços com a "natureza", saímos perdendo duas vezes: permanecemos com a ideia de "natureza" tomada emprestada da tradição e ainda nos privamos da contribuição oferecida pelos "saberes positivos".

Precisamos, portanto, contar com *todo o poder das ciências*, mas *renunciando à ideologia da "natureza"* que lhes fora incorporada. Temos de ser ainda materialistas e racionais, só que dessa vez deslocando essas virtudes para o terreno correto. E isto porque o Terrestre não é de forma alguma o Globo; assim, é impossível ser materialista e racional da mesma forma em relação a ambos.

Contudo, é preciso antes de mais nada esclarecer que não podemos fazer o elogio da racionalidade sem reconhecer a que ponto tal noção foi mal empregada por aqueles que se dirigiam rumo ao Global. Como considerar realista um projeto de modernização que, há dois séculos, teria "esquecido" de antecipar as reações do globo terráqueo às ações humanas? Como tratar de "objetivas" as teorias econômicas incapazes de incorporar em seus cálculos a escassez de recursos que elas tinham como tarefa prever?[74] Como falar da "eficácia" de sistemas técnicos que não foram planejados para durar mais que

---

[74] Todo o interesse de Timothy Mitchell (*Carbon democracy, op. cit.*) é o de compreender essa inversão por meio da qual uma ciência dos limites se torna uma ciência do ilimitado.

algumas décadas? Como chamar de "racionalista" um ideal de civilização culpado por um erro de previsão tão absurdo que fez com que pais deixassem para seus filhos um mundo muitíssimo menos habitado?[75]

Não surpreende que a palavra "racionalidade" tenha se tornado assustadora. Antes de acusarmos as pessoas comuns de não darem nenhum valor aos fatos por meio dos quais as pessoas ditas racionais pretendem convencê-los, lembremo-nos de que, se elas perderam todo o senso comum, é porque foram magistralmente traídas.

Para devolver um sentido positivo às palavras "realismo", "objetivo", "eficácia", ou "racional", é preciso direcioná-las não mais para o Global, onde elas claramente fracassaram, mas para o Terrestre.

Como podemos definir essa diferença de orientação? Os dois polos são quase os mesmos, mas com a diferença de que o Global apreende todas as coisas partindo do *distante*, como se elas fossem *exteriores* ao mundo social e completamente *indiferentes* às preocupações dos humanos. Já o Terrestre lida com os mesmos agenciamentos tomando-os *de perto*, como *interiores* aos coletivos e *sensíveis* à ação dos humanos, à qual *reagem* drasticamente. Temos aí duas maneiras muito diferentes de aquelas mesmas pessoas racionais fincarem, se assim podemos dizer, seus pés na terra.

Essa diferença de perspectiva, portanto, suscita uma nova distribuição das metáforas, das sensibilidades, uma nova *libido sciendi* fundamental tanto para a reorientação quanto para a reinvenção dos afetos políticos.

---

[75] Deixar aos seus filhos um mundo menos habitado do que aquele em que nasceram, viver com a constatação de que somos um dos agentes da sexta extinção, eis algumas das preocupações que convertem todas as questões ecológicas em tragédia.

Podemos pensar o Global como uma *declinação* do Globo que acabou distorcendo o que permitira acesso a ele. Que será que se passou?

A ideia, de fato revolucionária, de pensar a terra como um planeta como qualquer outro, imerso num universo tornado infinito e composto de corpos essencialmente semelhantes remonta ao nascimento das ciências modernas. Para simplificar, podemos chamar esse acontecimento de a invenção dos *objetos galileanos*.[76]

O sucesso obtido por essa visão planetária é imenso. Ela informa o globo retratado pela cartografia, o mesmo das primeiras ciências da terra. Ela torna a física moderna possível.

No entanto, infelizmente, tal visão é também muito fácil de ser distorcida. Na medida em que ela permite, *a partir da terra*, conceber este planeta como um corpo entre outros que estão em queda livre no universo infinito, alguns concluíram que era preciso ocupar virtualmente o *ponto de vista do universo infinito* para compreender o que se passa em nosso planeta. A possibilidade de acessar lugares distantes *partindo da* terra se torna, assim, o *dever* de acessar a terra *partindo de lugares distantes*.

Contudo, nada obriga a essa conclusão, que, na prática, será sempre uma contradição em termos: os escritórios, as universidades, os laboratórios, os instrumentos, as academias, em suma, todo o circuito de produção e validação de conhecimentos *nunca abandonou* o velho solo terrestre.[77] Por mais

---

[76] Termo introduzido por Edmund Husserl. O tema do universo infinito remete à clássica obra de Alexandre Koyré, *Du monde clos à l'univers infini*, Paris: Gallimard, 1962.

[77] Ver a magnífica obra em três tomos editada por Dominique Prestre, *L'Histoire des sciences et des savoirs*, Paris: Seuil, 2015. Ela consegue historicizar e, em especial, localizar geograficamente os produtores da universalidade.

longe que possam enviar seus pensamentos, os especialistas sempre tiveram os pés fincados no chão.

E, no entanto, essa visão desde o universo – *the view from nowhere* – acabou se tornando o novo senso comum ao qual os termos "racional" e até "científico" permaneceram por muito tempo associados.[78]

Daí em diante, é a partir desse Grande Fora que a velha terra primordial será conhecida, avaliada e julgada. O que era apenas uma virtualidade passa a ser, tanto para os mais brilhantes pensadores, quanto para os menos perspicazes, um projeto estimulante: *conhecer é conhecer desde o exterior*. Tudo deve ser considerado do ponto de vista de Sirius[79] – uma Sirius, claro, imaginária, que ninguém nunca acessou.

Além disso, essa concepção da Terra como planeta integrante do universo infinito, como um corpo entre outros corpos, gerou o inconveniente de limitar a alguns movimentos – ou mesmo a apenas um, a queda dos corpos, como era o caso do início da revolução científica – a gama de possibilidades dos saberes positivos.[80]

Por essa razão, ainda que na Terra – vista de seu interior – houvesse muitas outras formas de movimentos, foi ficando cada vez mais difícil levá-los em consideração. Aos poucos, fomos deixando de saber como traduzir em termos de conhecimento comprovado um conjunto de *transformações*: gênese, nascimento, crescimento, vida, morte, corrupção, metamorfoses. Foi esse desvio para o exterior que introduziu na no-

---

[78] Isabelle Stengers, *L'Invention des sciences modernes*, Paris: La Découverte, 1993.

[79] "De point de vue de Sirius" é uma expressão idiomática francesa: "ver com distanciamento". (N.E.)

[80] Isabelle Stengers, *La Vierge et le Neutrino*, Paris: Les Empêcheurs de penser em rond, 2005. Especialmente o anexo.

ção de "natureza" a confusão da qual nunca fomos capazes de sair.

Até o século XVI, esse conceito podia ainda abarcar uma cadeia de movimentos; esse é o sentido etimológico da *natura* latina ou da *phusis* grega, que se poderia traduzir por origem, geração, processo, curso das coisas. Todavia, a partir do século seguinte, o uso da palavra "natural" passou a estar cada vez mais reservado à investigação de um único tipo de movimento considerado do exterior. Esse é o sentido que a palavra terminou por ganhar na expressão "ciências da natureza".

Isso não seria um problema, se tivéssemos limitado o uso desse termo às ciências do universo (como iremos propor mais adiante), ou seja, se o empregássemos apenas para descrever os espaços infinitos conhecidos *a partir da superfície da terra* por intermédio exclusivo de instrumentos e de cálculos. Mas quisemos fazer mais: quisemos conhecer dessa mesma maneira tudo o que se passava na terra, como se devêssemos considerá-la de longe.

Enquanto acreditávamos ter sob os nossos olhos um conjunto de fenômenos simplesmente à espera de serem desvendados pelos saberes positivos, distanciamo-nos de tal modo daqueles fenômenos que – por uma espécie de ascese sádica – passamos a nos interessar, entre todos os movimentos que nos eram acessíveis, *apenas naqueles que podíamos ver* desde Sirius. Todo movimento precisava, então, se conformar ao modelo da queda dos corpos. Isso é o que caracteriza a chamada "visão mecanicista" do mundo, assim denominada graças a uma estranha metáfora proveniente de uma ideia bastante inexata a respeito do funcionamento das máquinas no mundo real.[81]

---

[81] O paradoxo é que uma máquina não obedece aos princípios do mecanismo, os quais continuam sendo uma forma de idealismo, tema desenvolvido por Gilbert Simondon, *Du mode d'existence des objects techniques*, Paris: Aubier, 1958. Que as máquinas não são feitas de forma →

Com isso, todos os outros movimentos se tornaram alvo de desconfiança. Considerados desde o interior, na Terra, eles não podiam ser científicos, não podiam ser verdadeiramente naturalizados. Daí decorre a clássica oposição entre os *saberes* vistos de longe, mas comprovados, e as *imaginações* que, vendo as coisas de perto, não teriam respaldo na realidade; na pior das hipóteses, meras histórias para crianças; na melhor das hipóteses, antigos mitos respeitáveis, mas sem conteúdo comprovável.

Se o planeta acabou se distanciando do Terrestre, foi por se ter acreditado que a natureza vista do universo poderia pouco a pouco *substituir*, recobrir, banir a natureza vista da Terra, aquela que abarca, que poderia ter abarcado, que deveria ter continuado a abarcar, desde o interior, todos os fenômenos de gênese. A grandiosa invenção galileana terminou por ocupar todo o espaço, fazendo-nos esquecer que ver a terra a partir de Sirius é apenas uma pequena parte do que temos direito de saber positivamente – ainda que essa parte corresponda ao universo infinito.

A inevitável consequência de tudo isso foi que passamos a notar cada vez menos o que se passava na Terra. Ao adotar a perspectiva de Sirius, arriscamos necessariamente perder de vista muitos acontecimentos, ao mesmo tempo em que criamos muitas ilusões sobre a racionalidade ou a irracionalidade do planeta terra!

A julgar por todas as bizarrices que os terráqueos, ao longo dos últimos três ou quatro séculos, imaginaram ter identificado em Marte antes de perceberem que estavam errados, não devemos nos espantar com todos os erros cometidos,

→ mecanicista é demonstrado em Bruno Latour, *Aramis, or the Love of Technology*, trad. Catherine Porter, Cambridge: Harvard University Press, 1996.

ao longo dos mesmos três ou quatro últimos séculos, a respeito do suposto destino das civilizações terrestres vistas a partir de Sirius!

O que se tornarão os ideais de racionalidade e as acusações de irracionalidade quando confrontados com a Terra e os terrestres? Tantos castelos que se mostraram de areia, tantas certezas caindo por terra, tantos canais imaginados em Marte...[82]

15 —

Tamanha bifurcação entre o real – exterior, objetivo e conhecível – e o interior – irreal, subjetivo e incognoscível – não teria intimidado ninguém, ou teria soado como um simples exagero de especialistas pouco familiarizados com as realidades daqui debaixo, se ela não estivesse *sobreposta* ao famoso vetor de modernização anteriormente observado.[83] É precisamente nesse ponto que os dois sentidos (positivo e negativo) da palavra Global começam a divergir.

Devido a essa sobreposição, o subjetivo ficou cada vez mais associado ao arcaico e ao ultrapassado; o objetivo, ao moderno e ao progressista. Ver as coisas do interior passa a não ter outro valor a não ser o de remeter à tradição, ao íntimo, ao arcaico. Ver as coisas do exterior, ao contrário, torna-se o

---

[82] Desde o fim do século XIX até o início do século XX, acreditava-se que havia canais em Marte, ideia que deu margem a diversas especulações sobre a possibilidade de vida inteligente naquele planeta. No entanto, observações aprimoradas não tardaram em revelar que os supostos canais eram fruto de ilusão de ótica. (N.R.T.)

[83] Didier Debaise, em *L'appât des possibles: Reprise de Whitehead*, Dijon: Presses du Réel, 2015, oferece uma versão particularmente esclarecedora da história filosófica dessa bifurcação.

único meio de apreender aquilo que conta como realidade e, sobretudo, de se orientar *em direção ao futuro*.

É essa divisão brutal que dá consistência, por assim dizer, à ilusão do Global como horizonte da modernidade. A partir de então, será preciso se deslocar virtualmente de mala e cuia (mesmo que permaneçamos no mesmo lugar) para longe das posições subjetivas e sensíveis, rumo a posições objetivas, enfim desembaraçadas de toda sensibilidade – ou, mais precisamente, de todo sentimentalismo.

É aí então que aparece, em contraste com o Global, a figura necessariamente reativa, reflexiva e nostálgica do Local (ver figura 1).

Perder a sensibilidade à natureza como processo – conforme o antigo sentido de "natureza" – tornava-se o único modo de acessar a natureza como universo infinito – segundo a nova definição do termo.[84] Progredir na modernidade consistia, assim, em desprender-se do solo primordial e sair rumo ao Grande Fora; tornar-se, senão natural, ao menos *naturalista*.[85]

Por uma estranha perversão das metáforas de parto, *não mais depender* das antigas formas de gênese era o que permitiria "finalmente nascer para a modernidade". Como as feministas demonstraram em suas análises dos julgamentos das bruxas, o ódio aos valores tradicionalmente associados às mulheres sairá dessa trágica metamorfose tornando grotesca toda forma de vínculo aos antigos solos.[86] Livrar-se do pertencimen-

---

[84] Esta é a referência para o título frequentemente mal compreendido de Émilie Hache (dir.), *Du Univers clos au monde infini, op. cit.*

[85] O temo "naturalista" recebeu uma definição já considerada canônica em Philippe Descola, *Par-delà nature e culture*, Paris: Gallimard, 2005.

[86] Silvia Federici, *Caliban and the Witch*, Nova York: Autonomedia, 2004, e a compilação já citada de Émilie Hache.

to à gleba torna-se uma maneira de dizer "Cubra estes seios, que eu não poderia ver", como disse o hipócrita padre Tartufo, da peça de Molière, à filha de seu anfitrião. A objetividade se tornou, assim, uma questão de gênero.

Esse grande deslocamento, a única verdadeira "Grande Substituição",[87] será então imposta ao mundo inteiro, o qual vai se transformando na paisagem da globalização-menos, à medida que as últimas adesões à antiga natureza-processo vão sendo erradicadas permanentemente. Esse é o sentido da expressão que hoje se tornou obsoleta, mas cujos ecos ainda podem ser ouvidos toda vez que se fala de progresso, desenvolvimento e futuro: "Iremos modernizar o planeta, que está em processo de unificação..."

Graças a esse deslocamento, ou bem falamos de "natureza" mas então estamos longe, ou bem estamos próximos mas expressamos apenas sentimentos. Esse é o resultado da confusão entre a visão planetária e o Terrestre. A respeito do planeta, pode-se dizer, olhando as coisas "do alto", que ele sempre variou, e que ele vai durar muito mais do que os humanos, o que permite encarar o Novo Regime Climático como uma oscilação sem importância. Já o Terrestre, por seu turno, não permite esse tipo de desprendimento.[88]

Desse modo, compreendemos facilmente por que é impossível oferecer uma descrição muito precisa dos conflitos

---

[87] Obsessão do pensamento reacionário com os riscos representados pelas migrações que supostamente substituiriam um povo autóctone "por nascimento" por um alóctone. Como todas as obsessões, esta simboliza e desloca a presença de outro fenômeno, de outra grande substituição: a mudança de solo.

[88] Daí o esforço em tornar visível o contraste entre Planeta e Terrestre graças à cartografia, como no projeto de Frédérique Ait-Touati, Alexandra Arènes e Axelle Grégoire, *Terra Forma*: <https://cargocollective.com/etherrestrategiclandscape/TERRA-FORMA>. Acesso em 1 jun 2020.

concernindo as possibilidades de vínculo ao solo, e por que precisamos aprender a desenfeitiçar a noção de "natureza" que parecia abarcar aqueles dois atratores.

Quando os partidos ditos "ecológicos" tentarem atrair o interesse das pessoas para o que se passa com "a natureza", uma natureza que eles pretendem "proteger" – se o termo significa a natureza-universo vista de lugar nenhum, a natureza que supostamente se estende desde as células do nosso corpo até as galáxias mais distantes – a resposta das pessoas será: "Tudo isso está muito longe; é muito vago; não nos diz respeito; não poderíamos nos importar menos!".

E elas terão razão. Não avançaremos na direção de uma "política da natureza" enquanto utilizarmos o mesmo termo para designar coisas tão diversas como, por exemplo, uma pesquisa sobre o magnetismo terrestre, a classificação dos 3.500 exoplanetas que já foram identificados até agora, a detecção de ondas gravitacionais, o papel das minhocas na aeração dos solos, a reação dos pastores dos Pirineus à reintrodução dos ursos no local ou a reação das bactérias de nosso intestino a uma receita de dobradinha... Essa ideia de natureza abarca coisas demais.

Não precisamos mais buscar as causas da morosidade das mobilizações em favor da natureza-universo. Essa natureza é totalmente incapaz de provocar comoções políticas. Fazer desse tipo de seres – os objetos galileanos – o modelo do que pode nos engajar nos conflitos geossociais é entrar em campo para perder. Tentar mobilizar essa natureza nos conflitos de classe é como mergulhar os pés no cimento fresco antes de ir a uma manifestação.

Para começarmos a descrever de modo objetivo, racional, eficaz a situação terrestre, representando-a com algum realismo, precisamos de todas as ciências, porém *posicionadas de outro modo*. Em outras palavras, para ser um cientista, é inútil se teletransportar para Sirius. Tampouco é necessário abandonar a racionalidade para adicionar sentimentos ao frio conhecimento. É preciso, em suma, conhecer, da maneira mais fria possível, *a atividade quente de uma terra* finalmente vista *de perto*.

16 —

Tudo depende, evidentemente, do que entendemos por "atividade quente". Não é difícil compreender que, vistos a partir da natureza-universo, esse calor e essa atividade aparecem como ilusões subjetivas, como uma simples projeção de sentimentos sobre uma "natureza" indiferente.

É por isso que quando a economia, desde o século XVII, começou a levar em conta a "natureza", os especialistas a pensaram como um mero "fator de produção", um recurso precisamente *externo*, *indiferente* às nossas ações, tomado *de longe por estrangeiros* em busca de objetivos *indiferentes* à Terra.

Dentro do que chamamos de *sistema de produção*, sabíamos identificar os agentes humanos – os operários, os capitalistas, os governos – tão bem quanto as infraestruturas artificiais – as máquinas, as usinas, as cidades, as paisagens; mas era impossível considerar como agentes, atores, seres animados, actantes de mesmo calibre os seres que nesse meio-tempo se tornaram "naturais" (vistos de Sirius).

Tínhamos já, então, a vaga impressão de que todo o resto *dependia* deles e que eles inevitavelmente *reagiriam*. Mas porque a natureza-processo parecia inteiramente encoberta pela natureza-universo, os que se apropriaram de seus recursos, ainda que pudessem temer o que faziam, não dispunham de palavras, conceitos e direções para fazer diferente.

É claro que se poderia pesquisar nos arquivos de outros povos para ali encontrar atitudes, mitos e rituais que passavam completamente ao largo de ideias como "recurso" ou "produção". Mas tais descobertas eram consideradas à época como meros resíduos de antigas formas de subjetividade, de culturas arcaicas terminantemente superadas pelo *front* de modernização.[89] Testemunhos comoventes, sem dúvida, mas úteis apenas aos museus de etnografia.

É apenas hoje que todas essas práticas se tornam preciosos modelos para aprender como sobreviver no futuro.[90]

A relação com as ciências só pode mudar, se distinguirmos cuidadosamente, nas ciências ditas naturais, as que têm por objeto o universo e as que investigam a natureza-processo (*natura* ou *phusis*).

Enquanto as primeiras partem do planeta considerado como um corpo entre outros; para as segundas, a Terra é vista de forma completamente singular.

Temos uma excelente ilustração dessa oposição, se compararmos um mundo feito de *objetos galineanos* com esse mesmo mundo composto por *agentes* que poderíamos chamar de *lovelockianos*, em homenagem a James Lovelock (os nomes são empregados aqui para sintetizar uma linhagem muito mais longa de cientistas).[91]

---

[89] Por isso é importante a segunda parte do livro de Descola supracitado sobre os modos de relação, normalmente menos comentado do que o primeiro, sobretudo as passagens relativas à produção.

[90] Brusca transformação do olhar que nos faz ler avidamente tanto Nastassja Martin, *Les Âmes sauvages. Face à l'Occident, la résistance d'un peuple d'Alaska*, Paris: La Découverte, 2016, quanto o fascinante livro de Anna Lowenhaupt Tsing, *Le Champignon de la fin du monde, op. cit.*

[91] Sébastien Dutreuil, *Gaïa: Hypothèse, programme de recherche pour le système terre, ou philosophie de la nature?*, Paris, tese de doutorado, →

Para os partidários da ciência da natureza-universo, foi difícil compreender o argumento defendido por bioquímicos como Lovelock, segundo o qual, na Terra, era preciso considerar os seres vivos como agentes que participam plenamente dos processos de gênese das condições químicas e até, em certa medida, geológicas do planeta.[92]

Se a composição do ar que respiramos depende dos seres vivos, ele não é mais o ambiente em que tais seres se situam e onde evoluem; ele é, de certa forma, o resultado da ação daqueles seres. Dito de outro modo, não há organismos de um lado e meio ambiente do outro: o que há é uma sobreposição de agenciamentos mútuos. A capacidade de ação é, assim, redistribuída.

A dificuldade de compreender o papel dos seres vivos, sua potência de agir, sua *agency* na evolução dos fenômenos terrestres espelha a dificuldade de compreender o fenômeno da vida encontrada em períodos anteriores. Sem falar na dificuldade de interpretar as ações humanas quando consideradas a partir de Sirius.

De fato, se você tomar como exemplo de todo movimento o modelo da queda dos corpos, todos os outros movimentos, agitações, transformações, iniciativas, combinações, metamorfoses, processos, entrelaçamentos e sobreposições parecerão estranhos. Para apreendê-los, será preciso imaginar muito mais epiciclos do que os antigos astrônomos puderam inventar para captar o movimento dos planetas.

→ universidade Paris I, 2016, a ser lançada em breve pela Editora La Découverte. Ver também os livros de Bruno Latour, *Face à Gaïa*, op. cit., e Timothy Lenton, *Eath system*, op. cit.

92 James E. Lovelock, *The Ages of Gaia: A Biography of Our Living Earth*, Nova York: Norton, 1995.

Com a simplificação proposta por Lovelock para ajudar a compreender os fenômenos terrestres,[93] ele não quis de forma alguma acrescentar "vida" à Terra, tampouco fazer desta um "organismo vivo". Ao contrário, ele nada mais fez do que *parar de negar* que os seres vivos eram participantes ativos nos fenômenos biogeoquímicos. Seu argumento reducionista é exatamente o oposto de um vitalismo. O que ele recusa é a ideia de *desanimar* o planeta através da *supressão da maioria dos atores* que intervêm ao longo de uma cadeia de causalidade. Nem vida demais nem vida de menos.

O que interessa aqui não é nos ocuparmos especificamente de Lovelock, mas compreender a reorientação política ensejada por uma concepção das ciências naturais que não negligencia nenhuma das atividades necessárias para a nossa existência.

As leis físicas são as mesmas em Sirius e na Terra, mas elas não conduzem aos mesmos resultados nos dois casos.

Ao tomarmos os objetos galileanos como modelo, podemos de fato entender a natureza como "recurso a ser explorado". No entanto, com agentes lovelockianos, é inútil nutrir ilusões: eles agem, eles vão reagir – de início, quimicamente, bioquimicamente, geologicamente – e seria ingênuo acreditar que eles permanecerão inertes, não importa qual seja a pressão que façamos sobre eles.

Em outras palavras, enquanto os economistas podem fazer da natureza um fator de produção, qualquer pessoa que tenha lido Lovelock – ou mesmo Humboldt[94] – não se acharia no direito de fazê-lo.

---

[93] Latour se refere ao "Daisyworld" ("mundo das margaridas"), modelo matemático simulado em computador usado por James Lovelock para demonstrar a então hipótese de Gaia. (N.R.T.)

[94] A volta do interesse por Alexandre von Humboldt é um sintoma dessa passagem para outro modo de conceber as ciências da terra. Ver o →

O conflito pode então ser resumido de modo simples: há aqueles que, continuando a considerar as coisas a partir de Sirius, simplesmente não enxergam ou não acham possível que o sistema terra reaja à ação humana; eles ainda esperam que a Terra misteriosamente se teletransporte rumo a Sirius, tornando-se apenas um planeta como qualquer outro.[95] No fundo, eles não acreditam que exista *vida* na Terra capaz de sofrer e de reagir.

E há os que, apoiando-se firmemente nas ciências, tentam entender o que quer dizer distribuir a ação, a animação, a potência de agir ao longo das cadeias causais em que se encontram enredados. Os primeiros são os autodenominados céticos do clima (por apreço à distância quando não por corrupção ativa); os últimos são os que se dispõem a *encarar* o enigma *a respeito do número e da natureza dos actantes*.

17 —

Para avançar no esforço de descrever os conflitos *geo-sociais*, está claro que não podemos renunciar nem às ciências nem à racionalidade, mas precisamos saber ao mesmo tempo estender e *limitar* a extensão das ciências positivas. É preciso estendê-las a ponto de abarcar todos os processos de gênese, para não limitar antecipadamente a agentividade (a palavra é horrível, mas cômoda) dos seres com os quais será preciso compor.

→ *best-seller* de Andrea Wulf, *The Invention of Nature: Alexander von Humboldt's New World*, Nova York: Knopf, 2015.

95 Essa espécie de teletransporte metafórico fica bastante visível nos argumentos desenvolvidos por Déborah Danowski e Eduardo Viveiros de Castro, "L'Arrêt du munde", in Émilie Hache, *De L'univers clos au monde infini*, op. cit. [O texto foi revisto, ampliado e publicado como livro: *Há mundo por vir? Ensaio sobre os medos e os fins*, Desterro [Florianópolis]: Cultura e Barbárie, Instituto Socioambiental, 2014. (N.R.T.)]

Mas é preciso também limitá-la. Daí a importância de tentar selecionar, entre as ciências, as que se debruçam sobre aquilo que alguns pesquisadores chamam de *Zona(s) Crítica(s)*.[96]

É surpreendente constatar que tudo o que precisamos conhecer sobre o terceiro atrator, o Terrestre, limita-se, quando visto do espaço, a uma minúscula zona de alguns quilômetros de espessura entre a atmosfera e as rochas-mães. Ele nada mais é que uma película, um verniz, uma pele, algumas camadas infinitamente dobradas.

Você pode falar o quanto quiser da "natureza em geral", se emocionar frente à imensidão do universo, mergulhar em pensamento até o centro do planeta, sentir medo diante desses espaços infinitos – nada disso altera o fato de que tudo o que lhe diz respeito reside nessa minúscula Zona Crítica. Ela é o ponto de partida, mas também de retorno, de todas as ciências que nos importam.

É por isso que convém identificar entre os saberes positivos aqueles que tratam da Zona Crítica, de modo a não precisarmos nos ocupar do universo inteiro a cada vez que falarmos de conflitos de território.

Além disso, há uma boa razão de filosofia política para sustentarmos tal distinção: ainda que as ciências da natureza-universo estejam bem presas à Terra, elas tratam de fenômenos distantes, conhecidos apenas por intermédio dos instrumentos, modelos e cálculos.

Não faz muito sentido, ao menos não para os comuns mortais, pretender oferecer alternativas ou questionar a quali-

---

[96] Termo empregado por uma rede de pesquisadores das ciências da terra para comparar determinados lugares equipados – em geral, bacias hidrográficas – combinando os resultados de disciplinas que trabalhavam até então de modo separado. O termo no singular, Zona Crítica, designa a fina película dentro da qual a vida modificou radicalmente a atmosfera e a geologia, em oposição tanto ao espaço de além quanto à profunda geologia de baixo.

dade dessas pesquisas. Diante de seus resultados, encontramo-nos todos na situação usual de aprender com o que os especialistas têm a dizer – ainda que possamos nos reservar o direito de não nos interessarmos por isso.

A situação é completamente diferente para as ciências da natureza-processo que se debruçam sobre a Zona Crítica. Nela, os pesquisadores se veem confrontados com conjuntos de saberes concorrentes que eles não têm o poder de desqualificar *a priori*.[97] Eles não têm outra escolha a não ser enfrentar os conflitos em torno de cada um dos agentes que povoam essa zona, os quais não têm nem o direito nem a possibilidade de permanecerem desinteressados.

Poucas pessoas protestarão exigindo uma visão alternativa dos buracos negros ou da inversão magnética; mas sabemos, por experiência, que no que diz respeito aos solos, às vacinas, às minhocas, ao urso, ao lobo, aos neurotransmissores, aos cogumelos, à circulação de água ou à composição do ar, o mais insignificante estudo se encontrará imediatamente mergulhado numa batalha de interpretações. A Zona Crítica não é uma sala de aula; a relação com os pesquisadores é tudo menos puramente pedagógica.

Se ainda restavam dúvidas a esse respeito, a pseudocontrovérsia sobre o clima terminou por esclarecê-las.[98] Não temos

---

[97] Uma grande parte do trabalho de Isabelle Stengers diz respeito a desacelerar essa desqualificação sem, para isso, diminuir a importância das ciências: isso é o que ela chama de "civilizar". Ver seu recente *Civiliser la modernité? Whitehead et les ruminations du sens commun*, Dijon: Les Presses du Réel, 2017.

[98] Há inúmeros exemplos, em especial em Charles D. Keeling, "Rewards and Penalties of Recording the Earth", *Annual Review of Energy and Environment* 23 (1998): 25–82, e Michael E. Mann, *The Hockey Stick and the Climate Wars: Dispatches from the Front Lines*, Nova York: Columbia University Press, 2013.

notícias de sequer uma empresa que tenha gastado um mísero dólar para produzir ignorância sobre a detecção do bóson de Higgs. No que concerne à mutação climática, contudo, a situação é completamente diferente: os financiamentos à negação sobejam. A ignorância do público sobre esse assunto é um bem tão precioso que justifica os mais altos investimentos.[99]

Em outras palavras, as ciências da natureza-processo não podem ter a mesma epistemologia um tanto quanto arrogante e desinteressada das ciências da natureza-universo. A filosofia que protegia estas últimas não lhes tem qualquer serventia. Sem esperança de escapar das controvérsias, o melhor que elas podem fazer é se organizar para resistir a todos os que demostram interesse por elas – e bota interesse nisso.

O ponto político crucial é que a reação da Terra à ação dos humanos surge ao mesmo tempo como uma aberração aos olhos dos que acreditam em um mundo terrestre composto de objetos galileanos e como uma evidência aos que consideram a Terra como uma concatenação de agentes lovelockianos.

Se admitirmos o exposto acima, entendemos que o terceiro atrator não tem muito a ver com a "natureza" (no sentido de natureza-universo) tal como a imaginávamos, seja como Globo ou como Global.

É por meio do Terrestre que precisamos, de agora em diante, entender a ação conjunta dos agentes conhecidos pelas ciências da Zona Crítica, as quais lutam por sua legitimidade e autoridade contra inúmeras outras partes que possuem inte-

---

[99] Edwin Zaccai, François Gemenne e Jean-Michel Decroly, *Controverses climatiques et politiques*, Paris: Presses de Sciences Po, 2012. A ideia de produção ativa da ignorância foi popularizada sobre o caso do tabaco por Robert N. Proctor, *Golden Holocaust: Origins of the Cigarette Catastrophe and the Case for Abolition*, Berkeley, CA: University of California Press, 2011.

resses contraditórios e outros saberes positivos. O Terrestre delineia literalmente um outro mundo, que é tão diferente da "natureza" quanto daquilo que chamávamos de "mundo humano" ou "sociedade". Os três são, de certa forma, políticos, mas não levam à mesma ocupação do solo, à mesma "apropriação de terra".

Compreendemos também que descobrir esse novo mundo exige um outro aparelho psicológico, uma *libido sciendi* diferente da exigida para se aventurar rumo ao Global. Pretender se emancipar em gravidade zero não requer as mesmas virtudes que buscar uma emancipação embrenhando-se. Inovar rompendo todos os limites e todos os códigos não é o mesmo que inovar servindo-se desses limites. Celebrar a marcha do progresso não pode ter o mesmo significado se nos dirigimos rumo ao Global ou se vamos ao encontro de "avanços decisivos" na capacidade de considerar as reações da Terra às nossas ações. Em ambos os casos, trata-se de saberes positivos; no entanto, não são as mesmas aventuras científicas, os mesmos laboratórios, os mesmos instrumentos, as mesmas pesquisas, tampouco os mesmos pesquisadores que se dirigem a cada um desses dois atratores.

A vantagem estratégica de uma distinção como essa é garantir certa continuidade com o espírito de inovação, iniciativa e descoberta que parece indispensável para não desesperar os Modernos de outrora, que também são potenciais aliados. Para fazê-lo, basta apenas modificar as questões às quais essa inovação servirá.

O que se abre diante de nós é, de fato, uma nova época de "grandes descobertas", mas elas não se assemelham nem à conquista em extensão de um Novo Mundo esvaziado de seus habitantes, como outrora, nem à fuga desesperada para uma espécie de hiperneomodernidade: ela convida, mais propriamente, à imersão nas mil dobras da Terra.

Uma Terra que, constatamos com um misto de entusiasmo e medo, tem mais de um coelho em sua cartola e que se insinua como *mediadora* em todas as nossas ações. Assim como antes, trata-se agora – se quisermos evocar um dos impulsores da tradição moderna – de *ir além*, mas sem transgredir as mesmas interdições, sem atravessar as mesmas colunas de Hércules.

18 —

Redirecionar a atenção da "natureza" para o Terrestre pode pôr um fim na desconexão que paralisou as posições políticas desde a aparição da ameaça climática, dificultando a conexão entre as lutas ditas sociais e as lutas ditas ecológicas.

Fazer essa articulação significa passar de uma análise em termos de *sistema de produção* para uma em termos de *sistema de geração*. As duas análises diferem, em primeiro lugar, quanto a seus princípios – a liberdade para um, a dependência para o outro. Elas diferem também quanto ao papel conferido ao humano – central para um, distribuído para o outro. Finalmente, elas se diferenciam ainda pelo tipo de movimento por que se responsabilizam – mecanismo para um, gênese para o outro.

O sistema de produção se baseava numa certa concepção da natureza, do materialismo e do papel das ciências; ele atribuía outra função à política e se apoiava numa divisão entre os atores humanos e seus recursos. Seu alicerce era a ideia de que a liberdade dos humanos se desdobrava num cenário natural, onde era possível definir os limites precisos de cada propriedade.

O sistema de geração, por sua vez, coloca em confronto agentes, atores e seres animados com capacidades de reação distintas. Ele não procede segundo a mesma noção de materialidade, não possui a mesma epistemologia e não leva às mesmas políticas que o outro. Isto porque ele não se interessa em produzir bens para os humanos a partir de recursos, mas em *gerar* os terrestres – todos os terrestres, e não apenas os humanos. Ele se baseia na ideia de cultivar vínculos, operações que são ainda mais difíceis porque os seres animados não são limitados por fronteiras e não param de se sobrepor, de se emaranhar uns nos outros.

Se esses dois sistemas entraram em conflito, é porque outra autoridade apareceu, obrigando a refazer todas as antigas perguntas, não mais a partir daquele único projeto de emancipação, mas sim do valor recém-descoberto da dependência.

A dependência vem primeiramente limitar, depois complicar, obrigar a retomar o projeto de emancipação para, por fim, ampliá-lo. Como se, por uma nova pirueta dialética, invertêssemos o projeto hegeliano mais uma vez.[100] Como se o Espírito nunca tivesse parado de reencarnar.

É essa nova forma de obrigação que pretendemos enfatizar com a afirmação de que não há planeta (seria melhor dizer Zona Crítica) para abrigar a utopia da modernização ou da globalização-menos. Como negar que nos encontramos diante de outro *poder* que impõe barreiras outras que os antigos limites ditos "naturais"?[101]

Foi justamente esse conflito de autoridade que as elites obscurantistas souberam reconhecer muito bem, como prova sua decisão de não mais partilhar o mundo comum com o resto

---

[100] "A questão comunista foi mal colocada já de saída, uma vez que foi apresentada como questão social, ou seja, como questão *estritamente humana*. Apesar disso, ela nunca deixou de movimentar o mundo, como aponta Comité Invisible em *Maintenant*, Paris: La Fabrique, 2017, p. 127.

[101] Will Steffen et al., "Planetary boundaries: Guiding human development on a changing planet", *Science Express*, 2015.

dos nove bilhões de pessoas do bem cujo destino sempre havia sido a principal preocupação dessas elites (ao menos elas assim o diziam). Ao fazer isso, elas não acabam revelando quem é a nova *autoridade* da qual procuram esconder seus delitos?[102]

Essa mesma contradição eclodiu sob uma forma diplomática em 12 de dezembro de 2015, na conclusão do acordo de Paris sobre o clima, quando cada delegação murmurou *in petto*: "Quer dizer então que não existe mundo compatível com todos os nossos projetos de desenvolvimento?!". Quem mais poderia obter a assinatura daqueles cento e setenta e cinco Estados senão uma forma de soberania diante da qual eles aceitaram se curvar e que os impeliu a chegarem num acordo? Se essa não é uma *potência* que *domina* os chefes de Estado, na qual eles reconhecem uma forma ainda vaga de *legitimidade*, de que deveríamos chamá-la, então?

É ainda essa contradição que o termo Antropoceno sintetiza, quaisquer que sejam as controvérsias a respeito de sua data e de sua definição: "De agora em diante, o sistema terra reage à sua ação, de modo que você não mais dispõe de uma paisagem estável e indiferente para alojar seus desejos de modernização". Apesar de todas as críticas feitas a esse conceito, o prefixo "anthropos" aplicado a um período geológico é de fato o sintoma de uma repolitização de todas as questões planetárias. Como se uma etiqueta *Made in Human* tivesse sido gravada em todos os antigos recursos naturais.[103]

---

[102] O mito dos republicanos americanos segundo o qual a ciência do clima é um complô socialista ou chinês para dominar os Estados Unidos oferece uma imagem bastante explícita para esse poder reconhecido como intencional e diretamente geopolítico. Isso revela que os partidários da realidade alternativa são, apesar de tudo, capazes de designar com muita precisão a realidade que eles afrontam.

[103] Clive Hamilton, *Defiant Earth*, op. cit.

E é também essa contradição que finalmente se esclareceu no dia em que Trump, diante do Roseiral da Casa Branca, anunciou triunfalmente a saída do acordo de Paris. Tal anúncio consistiu na declaração de uma guerra que permite à América ocupar todos os outros países, se não com tropas, ao menos com o CO_2 que se acham no direito de emitir. Tente dizer aos demais signatários do acordo que eles não estão sendo literalmente invadidos pelos Estados Unidos, país que intervém na composição da atmosfera deles mesmo estando a milhares de quilômetros de distância! Vemos aí a nova expressão de um certo *direito* à dominação imposto em nome de uma versão atualizada do *Lebensraum*.[104]

Se admitimos que são as contradições que dirigem a história política, percebemos que o que acirra a contradição entre sistema de produção e sistema de geração é a dependência em relação a essa nova forma de autoridade, que é, ao mesmo tempo, muito antiga e muito nova.

Outra diferença entre os dois tipos de sistemas é o papel atribuído ao humano, consequência direta desse princípio emergente de autoridade. Estamos há cem anos debatendo para saber se as questões de natureza exigem o abandono do antropocentrismo ou se, ao contrário, os humanos devem permanecer no centro – como se fosse preciso escolher entre uma ecologia mais ou menos profunda e outra mais ou menos "humanista".

É claro que não há outra política que não a dos humanos e voltada para seu benefício! Isso jamais esteve em dúvida. A questão, na verdade, sempre concerniu *à forma e à composição desse humano*. O que o Novo Regime Climático põe em xe-

---

[104] O conceito de *Lebensraum* ("espaço vital") se popularizou na Alemanha após sua unificação, no século XIX, e influenciou profundamente as estratégias de expansão territorial do país, sobretudo durante o nazismo. (N.R.T.)

que não é a posição central do humano, mas sua composição, sua presença, sua figuração; em uma palavra, seu destino. Ora, se esses aspectos se modificam, muda também a definição do que são *os interesses humanos*.

De fato, era impossível para os Modernos situar o humano em um *lugar* preciso. Ele era ora um ser natural como todos os outros (no sentido clássico da natureza-universo), ora o ser por excelência capaz de se libertar da natureza (concebida ainda no sentido antigo) graças à sua alma, cultura ou inteligência. A verdade é que nunca pudemos estabilizar essa oscilação situando a humanidade em uma paisagem precisa. Se hoje a situação mudou, é porque a crise climática fez com que *as duas partes* perdessem as estribeiras: a noção de natureza de um lado, a do humano de outro.

O que torna tão implausível a ideia de uma escolha a favor ou contra o *antropocentrismo* é a suposição de que existe um *centro*, ou mesmo dois (o homem e a natureza), entre os quais supostamente será preciso escolher. E ainda mais bizarra é a ideia de que este círculo tenha bordas tão bem definidas a ponto de deixar todo o resto de fora. Como se houvesse um fora!

Sob o Novo Regime Climático, a questão é precisamente a de não saber do que é que dependemos para existir. Se não há razão para se descentrar, é porque não existe círculo. É a respeito da Terra, muito mais do que do universo infinito, que é preciso dizer, citando Pascal, que "seu centro se encontra em toda parte e sua circunferência não se acha em parte alguma".[105]

---

[105] O trecho original em que Pascal descreve o infinito é: "Por mais que ampliemos as nossas concepções e as projetemos além dos espaços imagináveis, concebemos tão somente átomos em comparação com a realidade das coisas. Esta é uma esfera infinita cujo centro se encontra em toda parte e cuja circunferência não se acha em nenhuma". Fragmento 72, *Pensamentos*. (N.R.T.)

Para enfatizar este ponto, talvez seja hora de falar não mais em humanos, mas em *terrestres* (*Earthbound*), insistindo assim no *húmus* e, a bem dizer, no *composto* presente na *etimologia* da palavra "humano"[106] (a vantagem de falar em "Terrestre" é não ter de especificar nem o gênero nem a espécie).

Dizer "Nós somos terrestres em meio a outros terrestres" não supõe de forma alguma a mesma política de "Nós somos humanos na natureza". Os dois não são farinha do mesmo saco; ou mais precisamente, não provêm da mesma lama.

A terceira diferença entre sistemas de produção e sistemas de geração diz respeito à possibilidade de multiplicar os atores sem, para isso, *naturalizar as condutas*. Tornar-se materialista não implica necessariamente reduzir o mundo a objetos, mas ampliar a lista dos movimentos a levar em conta, sobretudo os movimentos de gênese que a vista de Sirius não permitia acompanhar de perto.

Os terrestres, de fato, enfrentam o problema demasiado delicado de descobrir quantos são os *outros seres* de que eles precisam para subsistir. É ao fazer essa lista que eles delimitam seu *terreno de vida* (expressão que permitiria deslocar a palavra "território", tão frequentemente associada à mera divisão administrativa feita pelo Estado).

Seguir a pista dos terrestres consiste em adicionar interpretações conflitantes a propósito do que são, do que querem, do que desejam ou podem outros actantes? Isso vale tanto para os operários quanto para os pássaros do céu, tanto para os *executivos de Wall Street* quanto para as bactérias do solo, tanto para as florestas quanto para os animais:[107] o que vo-

---

106 Sugerido em Haraway, *Staying with the Trouble*, p. 55.

107 O sucesso das obras que revelam a agentividade [*agentivité*, no original] de seres tão diferentes como florestas, bactérias intestinais, →
→ chimpanzés, cogumelos ou solos testemunha a grande guinada na

cês querem? Do que são capazes? Com quem estão dispostos a coabitar? Quem pode ameaçá-los?

Ao buscarmos o Terrestre, também escapamos da armadilha de acreditar que seria possível viver em simpatia e em harmonia com os agentes ditos "naturais". Não buscamos acordo entre todos esses agentes sobrepostos, mas estamos aprendendo a deles depender. Se não houver redução, também não haverá harmonia. A lista dos atores só aumenta e seus interesses se sobrepõem uns aos dos outros; por isso, todos os esforços precisam se voltar para a investigação sobre como se orientar nesse contexto.

Em um sistema de geração, todos os atores, todos os seres animados suscitam a questão sobre constituir descendências e ascendências, sobre reconhecer e se inserir nas *linhagens* que serão capazes de perdurar.[108]

Essa é uma operação acima de tudo contraintuitiva para os que um dia foram Modernos. Com eles, sempre foi preciso escolher entre o antigo e o novo, como se um cutelo os tivesse irreversivelmente separado. O passado não era mais aquilo que permitia a *passagem*, mas o que fora simplesmente *ultrapassado*. Discutir essa escolha, hesitar, negociar, ponderar, significava questionar a flecha do tempo, tornar-se antiquado.

A perversidade do front de modernização é que, ao ridicularizar a noção de tradição como algo arcaico, ele tornou impossível qualquer forma de transmissão, de herança, de retomada, em suma, de geração. E isso vale tanto para a educa-

---

definição daquilo que age. É dessa mudança de paradigma que Vinciane Despret foi pioneira. Ver particularmente seu *Que diraient les animaux si on leur posait les bonnes questions?*, Paris: La Découverte/Les Empêcheurs de penser em rond, 2012.

[108] Daí a importância da filosofia do organismo, elaborada por Whitehead e atualizada por Isabelle Stengers em *Penser avec Whitehead, Une livre et sauvage création de concepts*, Paris: Seuil, 2002.

ção das crianças quanto para as paisagens, os animais, os governos ou para as divindades.

Inseridos num sistema de produção, os humanos são os únicos que podem se revoltar – sempre tarde demais; inseridos num sistema de geração, *muitos outros clamores* podem se fazer ouvir – antes da catástrofe. Os pontos *de vid*a, e não apenas os pontos de vista, multiplicam-se.[109]

Ao passar de um sistema de produção a um sistema de geração, podemos multiplicar as fontes de revolta contra a injustiça e, por consequência, *aumentar* consideravelmente a gama de aliados potenciais nas lutas pelo Terrestre que virão.

Se tal mudança de geopolítica decorresse de uma decisão filosófica, ela não teria força. Até o Novo Regime Climático ela parecia, aliás, inverossímil, exagerada, apocalíptica. Mas agora nos beneficiamos (se é que podemos assim dizer) do auxílio dos agentes descontrolados que nos obrigam a revisitar a definição do que é um humano, um território, uma política, uma civilização.

A situação atual, se a olharmos transversalmente, não consiste numa simples contradição como as inúmeras que ocorreram ao longo da história material no interior dos sistemas de produção. Ela constitui, mais propriamente, a contradição entre, de um lado, o sistema de produção e, do outro, o sistema de geração. Trata-se de uma questão de civilização, mais que apenas de economia.

Para passar de um sistema a outro, é preciso aprender a se desembaraçar do reino da economização, essa visão de Sirius que, projetando-se sobre a Terra, a escurece.[110] Ainda como escreveu Polanyi, a "religião secular" do mercado *não é*

---

[109] Termo proposto por Emanuele Coccia em *La vie des plantes, Une métaphysique du mélange*, Paris: Payot, 2016.

[110] Michel Callon, *L'Emprise des marchés, Comprendre leur fonctionnement pour pouvoir les changer*, Paris: La Découverte, 2017.

deste mundo.[111] Seu materialismo é um idealismo que a mutação climática tornou ainda mais imaterial. Reapropriar-se do solo, portanto, significa lutar contra a invasão desses tipos de extraterrestres que, por possuírem interesses e temporalidades bem diferentes das dos infraterrestres, impedem literalmente que qualquer tipo de ser seja *trazido ao mundo*.

O que vimos insinuando desde o início deste ensaio pode agora ser nomeado: o Terrestre ainda não é uma *instituição*, mas é *já* um ator cujo papel político se mostra claramente diferente daquele atribuído à "natureza" dos Modernos.[112]

Os novos conflitos não substituem os antigos: eles os acirram, os desdobram de outra forma e, principalmente, os tornam, enfim, identificáveis. Lutar para alcançar uma ou outra utopia, o Global ou o Local, não tem os mesmos efeitos elucidativos que lutar para aterrar!

(A propósito, talvez seja o momento de abandonar definitivamente a palavra "ecologia", exceto para designar um domínio científico. Todas as questões se referem aos terrenos de vida que se constituem com ou contra outros terrestres às voltas com os mesmos dilemas. O adjetivo *político* deveria bastar, de agora em diante, para designar tais questões, uma vez que o sentido de *pólis*, que por tanto tempo restringira a política, encontra-se agora expandido).

Estamos, afinal, claramente em uma situação de guerra, mas trata-se de uma guerra estranha, ao mesmo tempo

---

111 Karl Polanyi, *The Great Transformation*, op. cit.

112 Em certo sentido, retomamos aqui a velha palavra "lei" como Montesquieu a interpretava, relacionando-a explicitamente, aliás, à noção de "clima". Este termo, ele mesmo mal compreendido até o advento do Novo Regime Climático, poderia nos obrigar a escrever algo como o *Espírito das leis da natureza*. Agradeço a Gerard de Vries por sua interpretação de Montesquieu.

declarada e latente.[113] Alguns a veem por todo lado; outros a ignoram por completo.

Se pudermos dramatizar a situação de forma um tanto extravagante, diremos que se trata de um conflito entre os humanos modernos, que, acreditando estarem sozinhos no Holoceno, fogem para o Global ou rumam em êxodo para o Local, e os terrestres, que sabem que estão no Antropoceno e que buscam conviver com outros terrestres sob a autoridade de uma potência cuja instituição política ainda não está garantida.

E essa guerra, ao mesmo tempo civil e moral, divide o interior de cada um de nós.

19 —

O calcanhar de Aquiles de todo texto que pretende canalizar afetos políticos para novos desafios é que o leitor tem o direito de se perguntar ao fim: "Tudo isto soa bastante razoável e a hipótese parece atraente, ainda que precise ser provada. Mas o que fazemos com ela na prática, e o que isso muda para mim?".

"Devo me dedicar à permacultura,[114] liderar manifestações,[115] marchar no Palácio de Inverno, seguir as lições de

---

[113] Daí a estranheza ao ver Macron e Trump cumprimentarem juntos as tropas do desfile do Dia da Bastilha, na Champs-Elysées, em 14 de julho de 2017.

[114] Como fizeram várias pessoas depois de ter visto o filme documentário por Cyril Dion e Mélanie Laurent, *Demain*, 2015: <https://www.tomorrow-documentary.com>.

[115] O texto do "Comité invisible [Comitê Invisível]", *Maintenant* (op. cit.), que é ao mesmo tempo revolucionário e estranhamente cheio de espiritualidade cristã, não oferece outra conclusão prática além de "socar a polícia" como forma de liderar as manifestações.

São Francisco,[116] virar hacker, organizar festas na vizinhança, reinventar rituais de bruxas,[117] investir em fotossíntese artificial[118] – ou talvez você espere que eu aprenda a rastrear lobos?"[119] Ou ainda: "Você diz que está me oferecendo um esquema para 'triangular' as posições dos meus amigos e inimigos, mas a proposta parece ser a de atirar-lhes dardos para ver se eles se distanciam ou se aproximam mais de um polo ou de outro; afora isso, continuo totalmente sem recursos".

O propósito deste ensaio não é de forma alguma desapontar o leitor, mas também não se pode esperar que o texto avance mais rápido que a história em curso: embora o Terrestre seja conhecido por todos – quem nunca cogitou abandonar o quadro de referências moderno? –, o Novo Regime Climático ainda não possui uma instituição estabelecida. É nesse intervalo, em meio a essa estranha guerra, que nos encontramos, ao mesmo tempo mobilizados no *front* e desmobilizados na retaguarda.

A situação é ainda mais incerta, porque o Terrestre é ao mesmo tempo vazio e povoado. São inúmeras as iniciativas de retorno ao solo, tema que encontramos em toda parte: nas exposições de arte, nos periódicos científicos, nas discus-

---

[116] Lembremos que o projeto de Michael Hart e Tony Negry, *Empire*, Cambridge: Harvard University Press, 2000, terminava curiosamente com um elogio a Francisco de Assis.

[117] Starhawk, *Parcours d'une altermondialiste. De Seattle aux Twin Towers* (trad. Isabelle Stengers e Édith Rubinstein), Paris: Les Empêcheurs de penser en rond, 2004.

[118] Referência ao magnífico projeto de Marc Robert e de seu grupo. Ver o artigo de Heng Rao, Luciana C. Schmidt, Julien Bonin e Marc Robert, "Visible-light driven methane formation from CO_2 with a molecular iron catalyst", *Nature*, 17 jul 2017.

[119] Segundo o projeto de Baptiste Moriot, *Les Diplomates. Cohabiter avec les loups sur une nouvelle carte du vivant*, Marselha: Éditions Wildproject, 2016.

sões sobre os bens comuns, na reocupação de áreas rurais remotas.[120] Ainda que, por falta de outro sistema de coordenadas, não possamos percebê-lo quando vamos votar ou quando acompanhamos a mídia, os dados já foram lançados: o grande deslocamento já aconteceu.[121]

E no entanto, verdade seja dita, o terceiro atrator não tem um grande apelo. Ele demanda cuidado demais, atenção demais, tempo demais, diplomacia demais. Ainda hoje, é o Global que reluz, que liberta, que entusiasma, que permite que tanta coisa seja ignorada, que emancipa, que dá a impressão de juventude eterna. Mas ele simplesmente não existe. Por seu turno, é o Local que tranquiliza, que acalma, que oferece uma identidade. Mas ele tampouco existe.

O fato é que a pergunta feita no início deste ensaio – "Como transmitir a sensação de estar protegido, sem imediatamente retornar à identidade e à defesa das fronteiras?" – a essa altura já deve ter adquirido um novo sentido. Podemos, com essa mudança, até vislumbrar uma resposta: "Por dois movimentos complementares que a modernização havia tornado contraditórios: *vincular-se* a um solo, por um lado; *mundializar-se*, por outro".

Ora, o atrator Terrestre – que é claramente distinto da "natureza" e que não é de forma alguma o planeta, mas apenas a fina película das Zonas Críticas – conecta as figuras opostas do solo e do mundo. Um solo que nada tem a ver com o Local e um mundo que não se parece nem com a globalização-menos, nem com a visão planetária.

[120] Um exemplo disso é o successo da Soil Care Network ("Rede de Cuidado com o Solo") criada por Anna Krzywoszyńska. Ver <https://www.soilcarenetwork.com>.

[121] Ver Marie Cornu, Fabienne Orsi e Judith Rochfeld (dir.), *Dictionnaire des biens comuns*, Paris: PUF, 2017.

Do solo, o Terrestre herda a materialidade, a heterogeneidade, a espessura, a poeira, o húmus, a sucessão de camadas, os estratos, a surpreendente complexidade, a necessidade de acompanhamento diligente e de um cuidado minucioso. Tudo aquilo que não pode ser visto de Sirius. Exatamente o contrário de um solo tido como mera base da qual um projeto de desenvolvimento ou de *real estate* viria se apoderar. O solo, no novo sentido proposto, não pode ser apropriado. Pertencemos a ele; ele não pertence a ninguém.

Mas o Terrestre também herda do mundo, não sob a forma do Global – aquela globalização-menos associada à deriva do projeto de modernização – mas sob a outra forma ainda ativa do Globo, a globalização-*mais*, que consiste no registro dos modos de existência que impedem que nos limitemos a uma única localidade e que nos mantenhamos no interior de qualquer fronteira que seja.

O solo permite se vincular; o mundo, se desprender. A vinculação é o que permite sair da ilusão de um Grande Exterior; o desprendimento, o que possibilita abandonar a ilusão das fronteiras. Esse é a nova estratégia a ser calculada.

O que felizmente nos aproxima da solução é uma das propriedades desse novo agente da história própria ao Novo Regime Climático: não se pode passar do Local ao Global percorrendo uma série de escalas justapostas, como o botão de *zoom* do Google Earth nos dá a ilusão.[122]

Não faz sentido querer restringir a fronteiras nacionais, regionais, éticas e identitárias os seres que constituem os territórios em luta de que o Terrestre é composto. Assim

---

[122] Essa perspectiva antizoom é um aspecto essencial da teoria ator-rede, cf. Valérie November, Eduardo Camacho-Hübner e Bruno Latour, "Entering a Risky Territory: Space in the Age of Digital Navigation," *Environment and Planning D: Society and Space* 28 (2010): 581–99.

como também não faz sentido querer se abster dessas lutas de territórios para "passar ao nível global" e apreender a Terra "como um Todo". A subversão das escalas e das fronteiras temporais ou espaciais é o que define o Terrestre. Essa potência age em toda parte e ao mesmo tempo, mas sua unidade, não sendo estatal, é política. Podemos mesmo dizer, de fato, que ela é atmosférica.

É nesse sentido muito prático que o Terrestre reorganiza a política. Cada um dos seres que participam da composição de um terreno de vida tem *sua própria maneira* de identificar o que é local e o que é global e de definir seu entrelaçamento com os outros.

O CO_2 não se espacializa do mesmo modo que os transportes urbanos; os aquíferos não são locais no mesmo sentido das gripes aviárias; os antibióticos globalizam o mundo de uma maneira totalmente diferente que os territórios islâmicos;[123] as cidades não formam os mesmos espaços que os Estados; a cachorra Cayenne obriga Donna Haraway, sua dona, a fazer deslocamentos que ela jamais teria imaginado;[124] a economia baseada no carvão não suscita, como vimos, as mesmas lutas que a alicerçada no petróleo. E assim por diante.

Tanto o Global quanto o Local oferecem péssimas vias de acesso ao Terrestre, o que explica a atual desesperança: o que fazer com problemas que são, ao mesmo tempo, tão grandes e tão pequenos? É de fato desencorajador. Então o que fazer? *Antes de mais nada, descrever*. Como poderemos agir politicamente sem antes enumerar, percorrer e medir, centímetro por

---

[123] Hannah Landecker, "Antibiotic resistance and the biology on history", *Body and Society*, 2015, p. 1–34. Agradeço a Charlotte Brives por ter me apresentado este surpreendente artigo.

[124] Donna Haraway, *The Companion Species Manifesto: Dogs, People, and Significant Otherness*, Chicago: Prickly Paradigm Press, 2003.

centímetro, cada um dos seres animados, cada um dos indivíduos, enfim, tudo aquilo que compõe para nós o Terrestre? Sem isso, talvez pudéssemos até emitir opiniões astuciosas ou defender valores respeitáveis, mas nossos afetos políticos girariam no vazio.

Qualquer política que não se propusesse a refazer a descrição dos terrenos de vida que se tornaram invisíveis seria desonesta. Não podemos pular essa etapa. Não existe mentira política mais cínica que propor um programa sem antes havê-la cumprido.

Se a política foi esvaziada de sua substância, é porque, nela, a queixa desarticulada dos abandonados-à-própria-sorte coexiste com uma representação no topo tão concentrada que ambas as partes não parecem mais comensuráveis. Isso é o que vem sendo chamado de déficit de representação.

No entanto, qual ser animado é capaz de descrever com precisão aquilo de que ele depende? A globalização-menos tornou essa operação praticamente impossível. Esse era seu principal objetivo: não dar margem a protestos, tornando impossível a compreensão do sistema de produção. Daí a importância de se propor um período inicial de *desagregação* para aprimorar de saída a representação das paisagens onde as lutas *geo--sociais* se situam, antes de recompô-las. E como fazer isso? Começando, como sempre, pela base, pela pesquisa.

Para fazê-lo, precisamos antes de mais nada aceitar definir os terrenos de vida como *aquilo de que um terrestre depende para sobreviver*, perguntando-se *quais são os outros terrestres que se encontram sob a mesma dependência*. É pouco provável que esse território coincida com uma unidade espacial clássica, jurídica, administrativa ou geográfica. Muito pelo contrário, suas configurações vão atravessar todas as escalas de espaço e de tempo.

Definir um terreno de vida, para um terrestre, consiste em listar aquilo de que ele precisa para sua subsistência, e, consequentemente, aquilo que ele está *pronto para defender*, com sua própria vida se for preciso. Isso vale tanto para um lobo quanto para uma bactéria, tanto para uma empresa quanto para uma floresta, tanto para uma divindade quanto para uma família. O que se deve documentar são as propriedades de um terrestre (em todos os sentidos da palavra "propriedade"), isto é, tudo aquilo pelo qual ele é possuído e do qual ele depende, a ponto de, se daquilo for privado, correr o risco de desaparecer.

A dificuldade, evidentemente, reside em elaborar essa lista. É aí que a contradição entre processo de produção e processo de geração torna-se mais extrema. No sistema de produção, tal lista é fácil de fazer: humanos e recursos. No sistema de geração, por sua vez, a tarefa fica muito mais difícil, já que os agentes, os seres animados, os atores que a integram têm cada um seu próprio percurso e interesse.

Um território, de fato, não se limita a um único tipo de agente. Ele é o conjunto dos seres animados, distantes ou próximos, cuja presença foi identificada – via investigação, experiência, hábito ou cultura – como indispensável para a sobrevivência de um terrestre.

Trata-se, assim, de ampliar as definições de classe, através de uma busca por tudo o que torna a sobrevivência possível. Com o que você mais se importa? Com quem pode viver? Quem depende de você para sua própria subsistência? Contra quem você deverá lutar? Como hierarquizar a importância de todos esses agentes?

Quando nos fazemos esse tipo de pergunta, aí sim nos damos conta de nossa ignorância. A cada vez que iniciamos investigações desse gênero, ficamos surpresos com o caráter abstrato das respostas. E, no entanto, perguntas sobre geração estão em toda parte, assim como as sobre gênero, raça, educação, comida, emprego, inovações técnicas, religião ou lazer; foi a globalização-menos que nos fez perder de vista, no sentido literal, os meandros de nossas sujeições. Disso decorrem a tentação das queixas generalizadas e a impressão de não mais dispormos dos meios para mudar a situação.

Poderia se objetar que tal redefinição dos terrenos de vida é impossível, e que tal geografia política não tem sentido, pois as coisas nunca foram assim.

Existe, porém, um episódio da história da França que pode dar uma melhor ideia do que propomos: *a escrita* dos *cahiers de doléances*,[125] de janeiro a maio de 1789, antes que o levante revolucionário transformasse a descrição das queixas em uma questão de mudança de regime (monárquico ou republicano), mas, principalmente, *antes* que tais descrições fossem *agrupadas* para produzir a imagem clássica da Política como *questão totalizante*. É essa imagem expressa ainda hoje pela questão imensa e paralisante de substituir o Capitalismo por algum outro regime.

Em poucos meses, a pedido de um rei desesperado que se via numa situação de derrota financeira e de tensão climática, todas as vilas, cidades e corporações, além dos três estados, foram capazes de descrever seus meios de vida de forma bastante precisa: uma regulamentação de cada vez, um pedaço de terra de cada vez, um privilégio de cada vez, um imposto de cada vez.[126] Evidentemente, uma descrição como essa era mais simples numa época em que se podia identificar com mais facilidade do que hoje os privilégios com que conviviam

[125] Os "cadernos de queixa" eram onde os súditos registravam suas queixas e seus pedidos endereçados ao rei. (N.R.T.)

[126] Philippe Grateau, *Les Cahiers de doléance. Une lecture culturelle*, Rennes: Presses universitaires de Rennes, 2001.

dia após dia, em que se podia percorrer com um único olhar o território que garantia a subsistência – no seu sentido terrivelmente preciso de evitar a fome.

Mas, ainda assim, quanta proeza! Os franceses sempre são instados a vibrar com as histórias da tomada da Bastilha ou de Valmy, mas a originalidade daquela inscrição, daquela *geo-grafia* das queixas, é no mínimo tão grande quanto. Em um espaço de poucos meses, embalado pela crise geral, estimulado por modelos estabelecidos, um povo que era julgado como incapaz conseguiu representar para si mesmo os conflitos de territórios para os quais buscavam reformas. Existir como povo e ser capaz de descrever seus territórios de vida consiste numa única e mesma coisa; e foi exatamente disso que a globalização-menos nos privou. É por falta de território que um povo acaba por *faltar*, para citarmos uma expressão conhecida.[127]

Encontramos nesse episódio dos cadernos de queixas um modelo de redefinição dos terrenos de vida a partir do zero, que é tanto mais impressionante porquanto, ao que parece, ele nunca foi retomado (ao menos na França). Como é possível que a política nunca tenha se ocupado de seus aspectos materiais, e com esse nível de detalhe, desde a época pré-revolucionária? Seríamos menos capazes que nossos antepassados de definir nossos interesses, fazer nossas reinvindicações, registrar nossas queixas?

E se essa é a razão pela qual a política parece esvaziada de toda substância, não estaríamos agora inteiramente aptos a recomeçar? Apesar dos buracos que a globalização cavou em

---

[127] Ao que tudo indica, Bruno Latour se refere ao conceito de "peuple qui manque" ["povo que falta"] de Gilles Deleuze. Cf. por exemplo *L'image-temps*, Paris: Les Éditions de Minuit, 1985, e "Qu'est-ce que l'acte de création? (in *Trafic*, Paris: Éditions POL, automne 1998, n° 27). (N.R.T.)

toda parte, tornando tão difícil a identificação de nossos vínculos, é difícil acreditar que não podemos, nós também, fazer tão bem quanto eles.

Se é verdade que o desaparecimento do atrator Global desorientou completamente todos os projetos de vida dos terrestres (e não apenas dos humanos), então nossa prioridade deveria ser recomeçar o trabalho de descrever todos os seres animados. Independentemente do resultado, tal experiência vale ser levada adiante.

O que mais surpreende na atual situação é perceber a que ponto os "povos que faltam" sentem-se à deriva e perdidos devido à ausência de uma clara representação de si mesmos e de seus interesses. Isso faz com que se comportem todos da mesma maneira, tanto os que se deslocam quanto os que não se deslocam, tanto os que migram quando os que continuam no mesmo lugar, tanto os que se dizem "de raiz" quanto os que se sentem estrangeiros. É como se eles não tivessem um solo duradouro e habitável sob seus pés, e por isso precisassem se refugiar em outra parte.

A questão de saber se a emergência do atrator Terrestre, junto com sua descrição, pode dar novamente sentido e direção à ação política, prevenindo a catástrofe que seria tanto a fuga enlouquecida rumo ao Local quanto o desmantelamento daquilo que se chamou de ordem mundial. Para que haja uma ordem mundial, antes é preciso ter um mundo minimamente compartilhável, e é esse o resultado esperado do esforço de inventário proposto aqui.

Em meados de 2017, os observadores (ou ao menos os que são mais sensíveis à situação) perguntavam-se, com uma angústia que não conseguiam disfarçar, se poderíamos evitar um segundo agosto de 1914: o suicídio – desta vez mundial, não mais apenas europeu – das nações sob as quais se cavaria uma depressão tão profunda que elas acabariam se jogando ali, com entusiasmo e prazer.

Com o agravante de que, desta vez, não será mais possível contar com a ajuda tardia dos Estados Unidos...

20 —

Depois de tê-los convocado à retomada das tarefas de inventário, seria muito deselegante não me apresentar.

Universitário de origem burguesa e provinciana, filho do *baby-boom* e, por isso, contemporâneo à "Grande Aceleração", beneficiei-me profundamente da globalização (tanto a mais quanto a menos), sem jamais ter esquecido o *terroir* que me vincula a uma família de negociantes de vinho – vinhos da Borgonha que, segundo alguns, teriam se globalizado na época dos gauleses! Não há dúvidas de que sou um privilegiado. O leitor tem toda a liberdade, em vista disso, para concluir que não sou qualificado para falar de conflitos *geo-sociais*.

Entre os numerosos vínculos que possuo, há dois que procuro descrever com precisão: um diz respeito às Zonas Críticas, tema de trabalhos que publicarei mais adiante; mas eu gostaria de encerrar essas reflexões tratando do outro vínculo.

Aterrar pressupõe aterrar em algum lugar. O que vem a seguir, nesse sentido, deve ser entendido como uma abertura em uma negociação diplomática muitíssimo arriscada junto àqueles com quem desejamos conviver. E, bem, da minha parte, é na Europa que pretendo me estabelecer!

A Europa, esse Velho Continente, mudou de geopolítica desde que o Reino Unido decidiu abandoná-la e desde que o Novo Mundo, graças a Trump, começou a se cristalizar numa versão da modernidade que parece ter como ideal os anos 1950.

No entanto, é na direção disso que hesito em chamar de a *pátria europeia* a que eu gostaria de me voltar. A Europa está sozinha, é verdade, mas é somente ela que pode resgatar o fio de sua própria história. E isso justamente porque ela conheceu agosto de 2014, arrastando consigo o resto do mundo. Contra a globalização, mas também contra o retorno às fronteiras nacionais e étnicas.

Os defeitos da Europa são também suas qualidades. Ser um velho continente, quando falamos de geração e não apenas de produção, é uma vantagem, não mais um inconveniente. Isso nos permite retomar a questão da transmissão. Nutrir a esperança de passar do moderno ao *contemporâneo*.

Chamam de burocrática essa Europa repleta de regulamentos e acordos, a Europa "de Bruxelas". No entanto, como invenção jurídica, ela oferece uma das respostas mais interessantes à ideia, hoje novamente difundida em toda parte, segundo a qual apenas o Estado-nação pode proteger os povos ao garantir sua segurança.

A União Europeia conseguiu, por meio de uma impressionante bricolagem, materializar de mil maneiras o emaranhamento, a sobreposição, o *overlap* entre os interesses nacionais. É no entrelaçamento de seus regulamentos que adquirem a complexidade de um ecossistema, que residem as condições de seu pioneirismo. Exatamente o tipo de experiência que é preciso ter para enfrentar a mutação ecológica que ultrapassa todas as fronteiras.

As próprias dificuldades enfrentadas pelo Brexit para sair da União Europeia provam a que ponto a construção é original, na medida em que soube complexificar a ideia de uma soberania delimitada por fronteiras estanques. Eis uma questão que não suscita mais dúvidas: se o Estado-nação foi durante muito tempo o vetor da modernização contra os antigos pertencimentos, hoje ele é apenas um outro nome para o Local. Ele não é mais o nome do mundo habitável.

A Europa continental é acusada de ter cometido o pecado do etnocentrismo e de ter pretendido dominar o mundo; por isso, seria preciso "provincializá-la" para reduzi-la a dimensões mais justas.[128] O fato é que essa provincialização, hoje, pode mesmo salvá-la.

Peter Sloterdijk disse certa feita que a Europa era o clube das nações que haviam renunciado definitivamente ao império. Deixemos aos apoiadores do Brexit, aos eleitores de Trump, aos turcos, aos chineses e aos russos os sonhos de dominação imperial.[129] Sabemos que, se ainda desejam reinar num território no sentido cartográfico, eles não têm melhores chances que nós de dominar essa Terra que hoje nos domina tanto quanto a eles.

A Europa conhece a fragilidade de sua permanência no espaço global. Não, ela não pode mais pretender ditar a ordem mundial, mas talvez possa oferecer um exemplo do que significa reencontrar um solo habitável.

Afinal de contas, foi ela quem quis inventar o Globo, no sentido de espaço captado pelos instrumentos da cartografia. Trata-se de um sistema de coordenadas tão poderoso – poderoso até demais – que permite registrar, conservar e armazenar a multiplicidade das formas de vida. É essa a primeira representação de um mundo comum: simplificado, é claro, mas comum; etnocêntrico, é claro, mas comum; objetivante, é claro, mas comum.

Ainda que muito já se tenha dito contra essa visão demasiado cartográfica, demasiado unificadora do mundo – inclusive por mim mesmo –, é a Europa que permite propor um

---

[128] Diseph Chakrabarty, *Provincializing Europe: Postcolonial Thought and Historical Difference*, Princeton: Princeton University Press, 2008 [2000].

[129] Peter Sloterdikk, *Si l'Europe s'éveille*, Paris: Mille et une nuits, 2003.

primeiro referencial para tornar possível a retomada de uma operação diplomática.

O fato de não ter sabido impedir o Globo de escorregar entre seus dedos, transformando-se no Global, confere-lhe uma responsabilidade especial. Cabe a ela "desglobalizar" esse projeto, de modo a devolver a ele sua virtude. Apesar de tudo, é ainda à Europa que pertence a tarefa de redefinir a soberania desses Estados-nações, cujo modelo ela própria inventou.

Sim, a Europa era perigosa quando se acreditava capaz de "dominar" o mundo, mas vocês não acham que ela seria ainda mais perigosa se agora se encolhesse e tentasse, como se fora um pequeno camundongo, esconder-se da história? Como poderia escapar de sua vocação de *lembrar*, em todos os sentidos da palavra "lembrar", a forma de modernidade que ela inventou? Até mesmo por causa dos crimes que cometeu, a pequenez lhe é proibida.

Entre esses crimes, o mais importante de todos foi ter acreditado que, para se instalar nos lugares, territórios, países e nas culturas, era preciso ou bem eliminar os habitantes, ou bem substituir as formas de vida deles por suas próprias – tudo em nome da necessária "civilização". Foi esse crime, como sabemos, que permitiu cunhar a imagem e a forma científica do Globo.

Mas mesmo esse crime é um de seus trunfos: ele livra de vez a Europa da *inocência*, da ideia de que seria possível reconstruir a história rompendo com o passado, ou mesmo escapar definitivamente da história.

Se a primeira união da Europa se fez por baixo – pelo carvão, pelo ferro e pelo aço –, a segunda virá *também de baixo*, da modesta matéria de um solo relativamente duradouro. Se sua primeira união se deu para oferecer uma moradia comum a milhões de "pessoas deslocadas", como se costumava dizer no fim da última guerra, então a segunda também será feita por e para as pessoas deslocadas de hoje.

A Europa não tem sentido se não se dispuser a revisitar os abismos abertos pela modernização. Essa é a melhor interpretação que pode ser feita da ideia de uma modernização *reflexiva*.[130]

De qualquer maneira, outro sentido da reflexividade lhe é imposto: o efeito-bumerangue da globalização. Se a Europa porventura o esquecesse, as migrações a fariam lembrar que ela não pode escapar de suas ações passadas.

Os homens de bem estão inconformados: "Como é possível que tantas pessoas pretendam cruzar as fronteiras da Europa, que venham se instalar descaradamente em 'nossa casa' como se fosse 'a casa deles'?". É preciso, no entanto, pensar em antes, antes das "grandes descobertas", antes da colonização, antes da descolonização. Qualquer um que receie a Grande Substituição não deveria ter saído por aí substituindo "terras virgens" por seus próprios modos de vida.

Tudo acontece como se a Europa tivesse feito um pacto centenário com os imigrantes potenciais: "Fomos para a terra de vocês sem pedir permissão; vocês virão para a nossa sem pedir permissão". Toma lá, dá cá. Disso não há qualquer escapatória. A Europa invadiu todos os povos; agora todos os povos vão até ela.

E isso sobretudo porque a Europa fez ainda um pacto com os outros terrestres que também estão prestes a invadir suas fronteiras: as águas dos oceanos e as que secam ou transbordam dos rios, as florestas obrigadas a migrar muito rapidamente para não serem alcançadas pela mudança de clima, os micróbios e parasitas, todos também aspiram a uma grande substituição. "Vocês foram até nós sem pedir permissão; nós iremos até vocês sem pedir permissão." A Europa se aproveitou de todos os recursos; agora esses recursos, tendo se tor-

---

[130] Termo introduzido com outro sentido por Ulrich Beck, Anthony Giddens e Scott Lash, *Reflexive Modernization: Politics, Tradition and Aesthetics in the Modern Social Order*, Stanford: Stanford University Press, 1994.

nado atores de pleno direito, começaram a se deslocar, como a Floresta de Birnam,[131] para reaver seus bens.

Em certa medida, é em seu território que podem convergir as três grandes perguntas de nosso tempo: como escapar da globalização-menos? Como suportar a reação do sistema terra às ações humanas? Como se organizar para acolher os refugiados? Isso não quer dizer que os outros não farão essas coisas. Quer dizer apenas que a Europa, devido à sua história, deve dar o primeiro passo, já que foi a principal responsável.

Mas qual Europa? Quem é europeu? Como associar a bela palavra relativa a terreno de vida a esse troço burocrático e sem alma?

Sem alma, a Europa? Como vocês a conhecem mal! Ela fala dezenas de línguas – e isso graças aos que vieram aos milhares se refugiar. Ela ocupa, de norte a sul e de leste a oeste, centenas de ecossistemas diferentes. Em toda parte, em cada dobra de terreno, a cada canto de rua, veem-se as marcas das batalhas que ligaram cada um de seus habitantes a todos os outros. Ela tem cidades, e que cidades! A Europa é o arquipélago das cidades suntuosas. Olhem para essas cidades e entenderão por que as pessoas saem de toda parte para buscar uma chance de lá viver – ainda que seja em sua periferia.

Ela costurou e descosturou de todas as formas possíveis os limites e as virtudes da soberania. Há séculos ela se alimenta da democracia. Ela é pequena o suficiente para não confundir a si mesma com o mundo e grande o suficiente para não se limitar a uma pequena porção de terra. Ela é rica, incrivelmente rica, e sua riqueza é garantida por um solo que ainda não foi

---

[131] Referência à peça *Macbeth*, escrita por William Shakespeare, na qual uma profecia previa que o então rei da Escócia morreria no dia em que a Floresta de Birnam se deslocasse até o castelo de Macbeth, no Monte Dunsinane. (N.R.T.)

totalmente devastado – em parte porque, como sabemos, ela invadiu e saqueou o solo dos outros!

Por mais incrível que pareça, ela conseguiu conservar áreas rurais, paisagens e administrações, até mesmo Estados de bem-estar social que ainda não foram desmantelados. Essa é outra vantagem decorrente de seus vícios: apesar de ter estendido a economia a todo o planeta, a Europa soube não ser completamente intoxicada por ela. Acontece com a economização o mesmo que com a modernização: ambos são como um veneno de exportação do qual os europeus souberam, de certa forma, proteger-se com sutis antídotos.

Seus limites não estão claros? Não se sabe bem onde ela termina? Mas sobre qual organismo terrestre podemos dizer onde ele começa e onde termina? A Europa é mundial à sua própria maneira, como todos os terrestres.

Parece que outras culturas a chamam de "decadente" e pretendem lhe contrapor suas próprias formas de vida. Que então demonstrem sua virtude, esses povos que dispensam a democracia – e deixemos que os demais povos julguem.

Eis então que a Europa retoma o fio de sua história. Ela quis ser o mundo inteiro. Ela fez uma primeira tentativa de suicídio. E depois mais uma. Quase funcionaram. Em seguida, ela acreditou que poderia escapar da história protegendo-se com um guarda-chuva americano. Esse guarda-chuva, tão moral quanto atômico, foi fechado; agora ela se encontra sozinha e sem proteção. Esse é o momento de entrar novamente na história sem achar que vai dominá-la.[132]

Trata-se de uma província? Bom, é exatamente disso que precisamos: uma experimentação local e, sim, provinciana do

---

[132] Como Angela Merkel disse no dia seguinte da saída de Trump do acordo de Paris, dia 28 de maio de 2017: "Nós, os europeus, devemos tomar as rédeas de nosso próprio destino".

que significa habitar uma terra *depois* da modernização, *com aqueles que* a modernização definitivamente deslocou.

Como no início de sua história, a Europa retoma a questão da universalidade, mas desta vez não se precipita impondo a todos seus próprios preconceitos. Nada como um Velho Continente para recomeçar do zero aquilo que é comum, e perceber, assustado, que a condição universal hoje é viver nas ruínas da modernização, tateando à procura de onde morar.

No fim das contas, resgatar a questão do mundo comum no momento de um retorno imprevisto à barbárie, quando aqueles que formavam o antigo "Ocidente" abandonaram a própria ideia de compor uma ordem mundial, não constitui, de fato, uma versão mais positiva de sua história milenar?

A Terra que a Europa quis apreender como Globo oferece-se a ela novamente como o Terrestre, *como uma segunda chance que ela definitivamente não mereceu.* Aí está a parte que cabe à região do mundo que possui a maior responsabilidade na história do descontrole ecológico. Mais uma fraqueza que pode se voltar a seu favor.

Como duvidar de que ela possa se tornar uma pátria possível para todos os que buscam um solo? "Europeu é todo aquele que quiser sê-lo."[133] Eu gostaria de ter orgulho dela, dessa Europa, com todas as suas rugas e remendos; eu gostaria de poder chamá-la de minha terra – o refúgio de outros.

Pronto, terminei. Agora, se lhe convier, é a sua vez de se apresentar, para que saibamos um pouco onde você deseja aterrar e com quem aceita conviver.

---

[133] Em uma entrevista, Latour explica que adaptou essa frase de uma que seu pai dizia: «est Français qui veut!» [É francês quem quiser sê-lo]: <http://www.bruno-latour.fr/sites/default/files/downloads/2018-NOUVEAU-MAGAZINE-EUROPE-4-18.pdf>. (N.R.T.)

— Imaginar gestos que barrem o retorno da produção pré-crise

Pode haver algo de indecoroso em nos projetarmos pela imaginação no período pós-crise, enquanto os trabalhadores da área da saúde estão, como se diz, "na linha de frente", milhões de pessoas perdem seus empregos e muitas famílias não podem sequer enterrar seus mortos. E entretanto, é agora que devemos lutar para que, uma vez terminada a crise, a retomada da economia não traga de volta o mesmo velho regime climático que temos tentado combater, até hoje em vão. De fato, a crise sanitária está embutida em algo que não é uma crise – uma crise é sempre passageira –, mas uma mutação ecológica duradoura e irreversível. Temos boa probabilidade de "sair" da primeira, mas não temos nenhuma chance de "sair" da segunda. As duas situações não estão na mesma escala, mas é muito esclarecedor relacioná-las. Em todo caso, seria uma pena não aproveitarmos a crise sanitária para descobrir outras formas de adentrar a mutação ecológica, que não seja às cegas.

A primeira lição do coronavírus é também a mais espantosa. De fato, ficou provado que é possível, em questão de semanas, suspender, em todo o mundo e ao mesmo tempo, um sistema econômico que até agora nos diziam ser impossível desacelerar ou redirecionar. A todos os argumentos apresentados pelos ecologistas sobre a necessidade de alterarmos nosso modo de vida, sempre se opunha o argumento da força irreversível da "locomotiva do progresso", que nada era capaz de tirar dos trilhos, "em virtude", dizia-se, "da globalização". Ora, é justamente seu caráter globalizado que torna tão frágil o famoso desenvolvimento, o qual, bem ao contrário, pode sim ser desacelerado e finalmente parado.

De fato, não são apenas as multinacionais ou os acordos comerciais ou a internet ou as agências de turismo que estão globalizando o planeta: cada entidade desse mesmo planeta tem sua própria maneira de integrar os outros elementos que compõem, a cada momento, o coletivo. Isso é verdade para o CO_2, que aquece a atmosfera global por sua difusão no ar; para as aves migratórias, que transportam novas formas de gripe; mas também é verdade, como estamos dolorosamente reaprendendo, para o coronavírus, cuja capacidade de ligar "todos os humanos" passa pela via aparentemente inofensiva dos nossos perdigotos. Contra a globalização, uma globalização ainda maior: se o objetivo é conectar bilhões de humanos, os micróbios estão aí para isso mesmo!

Daí esta incrível descoberta: havia de fato no sistema econômico mundial, mas que passava despercebido, um sinal de alarme vermelho, e junto dele uma grande alavanca de aço que cada chefe de Estado podia puxar para fazer parar bruscamente "a locomotiva do progresso", com um estridente guincho dos freios. Se, em janeiro, o pedido para fazer uma curva de 90 graus que nos permitisse aterrisar ainda parecia ingenuidade, agora ele se revela muito mais realista: qualquer motorista sabe que, para ter alguma chance de se salvar fazendo uma rápida manobra no volante sem se arrebentar, é melhor primeiro desacelerar...

Mas enquanto os ecologistas veem nessa pausa súbita no sistema de produção globalizado a chance de fazer avançar seu programa de aterrissagem, os adeptos da globalização – aqueles que, em meados do século XX, inventaram a ideia de escapar das restrições planetárias –, também veem nela, infelizmente, uma grande oportunidade: de se desvencilhar ainda mais radicalmente do que resta de obstáculos à sua fuga para fora do mundo. Para eles, essa é uma excelente ocasião para se desembaraçarem do resto do Estado de bem-estar social, da rede de segurança dos mais pobres, do que ainda sobrou de regulamentação contra a poluição e, mais cinicamente ainda, de se livrarem de toda essa gente em excesso que atulha o planeta.[1]

Não esqueçamos, de fato, nossa hipótese de que esses adeptos da globalização estão conscientes da mutação ecológica, e que todos os seus esforços nos últimos 50 anos consistiram em negar a importância das mudanças climáticas e, ao mesmo tempo, em escapar de suas consequências, construindo fortalezas que possam garantir seus privilégios, bastiões inacessíveis àqueles que terão que ser deixados para trás. Eles não são ingênuos a ponto de acreditar no grande sonho modernista da partilha universal dos "frutos do progresso". A novidade é sua franqueza: eles agora sequer se preocupam em fazer as massas acreditarem nessa ilusão.[2] São eles que aparecem todos os dias na Fox News e que estão no poder de todos os Estados negacionistas do planeta, de Moscou a Brasília e de Nova Delhi a Londres e Washington.

O que torna a situação atual tão perigosa não são apenas as mortes que se acumulam diariamente, mas a suspensão geral de um sistema econômico que proporciona, àqueles que querem ir ainda mais longe em sua fuga para fora do mundo planetário, uma excelente oportunidade de "recolocar tudo em questão". Não devemos esquecer que o que torna os adeptos da globalização tão perigosos é que eles sabem que perderam, sabem que a negação das mudanças climáticas não poderá con-

---

[1] Ver o artigo de Mark Stoller sobre o frenesi dos lobistas nos EUA, "The coronavirus relief bill could turn into a corporate coup if we aren't careful", *The Guardian*, 24 mar 2020: <https://bit.ly/3ac2btn>.

[2] "Nós não vivemos no mesmo planeta" ["Nous ne vivons pas sur la même planète – un conte de Noël"]. AOC, 18 dez 2019.

tinuar indefinidamente, que não há mais nenhuma chance de conciliar seu "desenvolvimento" com os vários "invólucros"[3] do planeta com os quais a economia terá que se haver mais cedo ou mais tarde. Isto é o que os torna dispostos a tentar de tudo para se aproveitar mais uma (última?) vez das condições excepcionais, para poder durar um pouco mais e proteger a si próprios e aos seus filhos.[4] A "suspensão do mundo",[5] esta frenagem, esta pausa imprevista, dá-lhes a oportunidade de fugir mais depressa e para mais longe do que jamais imaginaram. Os revolucionários do momento são eles.

É aqui que devemos agir. Se a oportunidade serve para eles, serve para nós também. Se tudo para, tudo pode ser recolocado em questão, infletido, selecionado, triado, interrompido de vez ou, pelo contrário, acelerado. Agora é que é a hora de fazer o balanço de fim de ano. À exigência do bom senso: "Retomemos a produção o mais rápido possível", temos de responder com um grito: "De jeito nenhum!". A última coisa a fazer seria voltar a fazer tudo o que fizemos antes.

Por exemplo, outro dia, mostraram na televisão um floricultor holandês, os olhos cheios de lágrimas porque teve que jogar fora toneladas de tulipas já prontas para serem embarcadas: não podia mais enviar as tulipas de avião para os quatro cantos do mundo porque não tinha clientes. Só podemos lamentar, é claro; é justo que ele seja compensado. Mas então

---

[3] Referência do autor a um conceito de P. Sloterdijk; ver Latour, *Face à Gaia*, cap. 4. (N.T.)

[4] Ver o artigo mencionado na nota 134. (N.T.)

[5] Déborah Danowski e Eduardo Viveiros de Castro, "L'Arrêt de monde." In Emilie Hache (org.), *De l'univers clos au monde infini (textes réunis et présentés)*, Paris: Éditions Dehors, 2014: 221–339. [Em português, *Há mundo por vir? Ensaio sobre os medos e os fins*. 2ª ed. Desterro [Florianópolis]: Cultura e Barbárie; Instituto Socioambiental, 2017 [2014]. (N.T.)

a câmera recuou, mostrando que suas tulipas são cultivadas hidroponicamente, sob luz artificial, antes de serem entregues aos aviões de carga no aeroporto de Schiphol, sob uma chuva de querosene. O que justifica a dúvida: Será que é realmente o caso de continuar esta forma de produzir e vender esse tipo de flor?

Uma coisa leva a outra: se cada um de nós começarmos a fazer esse tipo de pergunta sobre cada aspecto de nosso sistema de produção, podemos nos tornar efetivos *interruptores da globalização* – tão efetivos, pois somos milhões, quanto o famoso coronavírus em sua maneira toda própria de globalizar o planeta. O que o vírus consegue com a humilde circulação boca a boca de perdigotos – a suspensão da economia mundial – nós começamos a poder imaginar que nossos pequenos e insignificantes gestos, acoplados uns aos outros, conseguirão: suspender o sistema produtivo. Ao nos colocarmos esse tipo de questão, cada um de nós começa a imaginar *"gestos barreira"*,[6] mas não apenas contra o vírus: contra cada elemento de um modo de produção que não queremos que seja retomado.

Não se trata mais de retomar ou de transformar um sistema de produção, mas de abandonar a produção como o único princípio de relação com o mundo.[7] Não se trata de revolução, mas de dissolução, pixel por pixel. Como mostra Pierre Charbonnier,[8] após cem anos de um socialismo que se limitou a pensar a *redistribuição* dos benefícios da economia,

---

[6] No original, "gestes barrières", ações e medidas de higiene capazes de evitar a propagação de uma epidemia, particularmente a Covid 19. (N.T.)

[7] Ver Dusan Kazic, *Plantes animées: de la production aux relations avec les plantes*, tese Agroparitech, 2019.

[8] Pierre Charbonnier, *Abondance et liberté. Une histoire environnementale des idées politiques*, Paris: La Découverte, 2020.

talvez seja o momento de inventar um socialismo que conteste *a própria produção*. É que a injustiça não se limita apenas à redistribuição dos frutos do progresso, mas à própria maneira de fazer o planeta *produzir frutos*. O que não significa decrescer ou viver de amor ou de brisa, mas aprender a selecionar cada segmento deste sistema pretensamente irreversível, a questionar cada uma das conexões supostamente indispensáveis e a experimentar, pouco a pouco, o que é desejável e o que deixou de sê-lo.

Daí a importância fundamental de usar este tempo de confinamento imposto para descrevermos, primeiro cada um por si, depois em grupo, aquilo a que somos apegados, aquilo de que estamos dispostos a nos libertar, as cadeias que estamos prontos a reconstituir e aquelas que, através do nosso comportamento, estamos decididos a interromper.[9] Quanto aos adeptos da globalização, esses parecem ter uma ideia muito clara do que querem ver renascer após a retomada: a mesma coisa, só que pior, com a indústria petrolífera e os gigantescos navios de cruzeiro de quebra. Cabe a nós opor a eles nosso contrainventário. Se, em apenas um ou dois meses, bilhões de humanos somos capazes, ao apito do árbitro, de aprender o novo "distanciamento social", de nos afastar uns dos outros para sermos mais solidários, de ficar em casa para não sobrecarregarmos os hospitais, podemos perfeitamente imaginar o poder transformador desses novos gestos, barreiras erguidas contra a repetição de tudo exatamente como era antes, ou pior, contra uma nova investida mortífera daqueles que querem escapar de vez à força de atração da Terra.

[9] A autodescrição segue o procedimento dos novos registros de reclamações [*cahiers de doléances*], sugeridos em *Où atterrir?* e em seguida desenvolvidos pelo consórcio Où atterrir: <http://www.bruno-latour.fr/fr/node/841.html>.

Como é sempre aconselhável acompanhar um argumento com um exercício, proponho este que se segue, derivado dos procedimentos do consórcio *Où atterrir*, que submeto ao discernimento dos leitores até que seja possível apresentar uma versão digital decente.

Aproveitemos, então, a suspensão forçada da maior parte das atividades para fazer um inventário daquelas que gostaríamos que não fossem retomadas e daquelas que, pelo contrário, gostaríamos que fossem ampliadas. Responda às seguintes perguntas, primeiro individualmente e depois coletivamente:

1ª pergunta Quais atividades agora suspensas você gostaria que não fossem retomadas?

2ª pergunta Descreva por que essa atividade lhe parece prejudicial/supérflua/perigosa/sem sentido, e de que forma o seu desaparecimento/suspensão/substituição tornaria mais fáceis/pertinentes outras atividades que você prefere. (Faça um parágrafo separado para cada uma das respostas listadas na pergunta 1).

3ª pergunta Que medidas você sugere para facilitar a transição para outras atividades daqueles trabalhadores /empregados/agentes/empresários que não poderão mais continuar nas atividades que você está suprimindo?

4ª pergunta Quais atividades atualmente suspensas você gostaria que fossem ampliadas/retomadas ou mesmo criadas a partir do zero?

5ª pergunta Descreva por que essa atividade lhe parece positiva e de que maneira ela torna mais fáceis/harmoniosas/

pertinentes outras atividades que você prefere, e por que ajuda a combater aquelas que você considera desfavoráveis. (Faça um parágrafo separado para cada uma das respostas listadas na pergunta 4).

6ª pergunta Que medidas você sugere para ajudar os trabalhadores/empregados/agentes/empresários a adquirir as capacidades/meios/receitas/instrumentos para retomar/desenvolver/criar esta atividade?

Domingo, 29 de março de 2020.

Texto publicado originalmente no site
do A.O.C. <http://aoc.media>

Tradução de Déborah Danowski
e Eduardo Viveiros de Castro

— Aqui quem fala é da Terra
Alyne Costa

Quando Bruno Latour anuncia, ainda nas primeiras páginas de *Onde aterrar?* (*Où atterrir?*), a hipótese central que motiva seu ensaio, ele a descreve como uma ficção política, elaborada em torno da eleição de Donald Trump para a presidência dos Estados Unidos, em 2016. Muitos veem neste acontecimento – mas também na decisão da Grã-Bretanha de deixar a União Europeia, tomada naquele mesmo ano após o referendo conhecido como "Brexit" –, o indício de que adentramos uma nova era da política, chamada, de modo um tanto vago, de "política da pós-verdade". Mas todo o esforço deste que é o mais recente livro de Latour parece ir no sentido de demonstrar que se trata, mais precisamente, de uma "política da pós-política",[1] pois praticada com vistas não mais a constituir um mundo comum, mas a dissolvê-lo.

Recentemente, a filósofa Barbara Cassin afirmou que a diferença crucial entre a ficção e a pós-verdade é que a primeira engaja as pessoas na narração da história, enquanto a outra não passa de uma mentira de autoridade; "toda ficção está a espera de bons leitores", ela conclui.[2] Nesse sentido, a ficção política de Latour não parece ter outro objetivo senão o de engajar os leitores na narração de uma história que ele denomina *geo-história*,[3] a qual, por sua vez, demanda que acompanhemos o autor numa dupla (e difícil) tarefa: não apenas compreender

---

[1] Bruno Latour, *Onde aterrar?*, p. 47.

[2] Barbara Cassin, *Quand dire, c'est vraiment faire*, Paris: Fayard, 2018, p. 236.

[3] Bruno Latour, *Onde aterrar?*, p. 52.

o que está por trás das mentiras de autoridade que indicam uma profunda erosão do solo comum, mas também encontrar meios para reconstruí-lo.

Traduzido até agora em dezoito línguas, *Onde aterrar?* vem servindo de referência para discussões e projetos os mais diversos nos campos das humanidades, das ciências e das artes no mundo todo.[4] No Brasil, o livro chega menos de três anos depois de seu lançamento em francês, e os acontecimentos que tiveram lugar no país nesse intervalo de tempo servem como uma confirmação irrefutável da hipótese central do livro. Desde a ascensão de Jair Bolsonaro à presidência, sentimos intensamente os efeitos da corrosão do solo que resulta de sua política da pós-política. Há alguns meses, contudo, a irrupção de uma gravíssima pandemia, que pode se consolidar como a maior tragédia sanitária global da história recente, veio se somar às tragédias que já se acumulavam, ampliando e intensificando sua repercussão.[5] Mas não é apenas a atualidade e a seriedade desse contexto que explicam a inclusão, neste volume, de um artigo de Bruno Latour a respeito do surto pandêmico, intitulado "Imaginar gestos que barrem o retorno da produção pré-crise". Se ambos os textos são publicados juntos aqui é porque, também no que diz respeito à propagação desse vírus até pouco tempo desco-

---

[4] Um desses projetos, idealizado pelo próprio autor, é o Consórcio Onde Aterrar?, no qual seus integrantes experimentam colocar em prática algumas das ideias apresentadas na obra (<http://ouatterrir.fr/index.php/consortium/>). Foi com base nas experiências desenvolvidas no âmbito desse consórcio que Latour desenvolveu a proposta apresentada no artigo que trata do atual surto pandêmico, também incluído neste volume.

[5] No Brasil, testemunhamos o "apagão" dos números de mortos e infectados pela pandemia, estímulos à volta à "vida normal" no pico da contaminação, negacionismo científico, crise econômica que lançou muitos na miséria, invasão das terras indígenas, aumento do desmatamento e retiradas sucessivas dos direitos sociais – a lista da destruição aumenta a cada dia.

nhecido, a proposta latouriana de partir da perspectiva ecológica para compreender as transformações de nossa época parece incontornável. E isso vale tanto para os que pensam essa época a partir da noção de Antropoceno, quanto para os que recorrem a termos como a já mencionada pós-verdade, crise da legitimidade, capitalismo tardio, necropolítica e outros tantos candidatos a fornecer uma explicação mais ou menos precisa para os problemas e conflitos contemporâneos.

Se pudermos nos valer da imagem proposta pelo autor neste livro, a irrupção da atual pandemia – tal como o que ele chama de "Novo Regime Climático", seu objeto central de preocupação em tantos trabalhos recentes – é fruto das "migrações sem forma e sem nação"[6] que sinalizam a erosão da terra estável de que vínhamos desfrutando há milênios. A chamada crise migratória, que vem levando milhões de pessoas em todo o mundo a buscar segurança e sustento em terras desconhecidas é, nessa perspectiva, apenas uma dimensão (ainda que muitíssimo dramática) de uma migração bem mais abrangente, que inclui uma miríade de agentes não humanos – vírus, bactérias, gases atmosféricos, animais, plantas, rios... – cujas dinâmicas de movimentação vêm sendo profundamente alteradas pelos impactos da dita civilização industrial. O Novo Regime Climático que se instaura em decorrência dessas migrações evidencia de forma contundente uma "universalidade perversa",[7] constituída pela sensação generalizada de carência de terra.

Segundo Latour, podemos perceber o alcance dessa espécie de universalidade negativa,[8] quando atentamos para as

---

[6] Bruno Latour, *Onde aterrar?*, p. 17.

[7] Ibid,, p. 16.

[8] Tenho em mente, aqui, a noção de "história universal negativa" mencionada por Dipesh Chakrabarty em "The Climate of History: Four Theses", Critical Inquiry, 35, 2008, p. 197–222.

mobilizações políticas que ocorrem hoje por toda parte. Seja no avanço do neoliberalismo que marca o que podemos chamar (por falta de expressão melhor) de capitalismo tardio, assim como nos negacionismos, nacionalismos, autoritarismos, fascismos, conservadorismos, extremismos à direita que pretendem barrar os fluxos, as massas e os direitos; mas também nas lutas, protestos e resistências com vistas a expandir direitos, liberar os fluxos, reaver a liberdade de movimento, nas experimentações coletivas e nas reinvenções dos modos de constituir comunidade que proliferam hoje, todas essas posições carregam a marca de um pressentimento coletivo de que está em curso uma verdadeira pane nos "sistemas de geração" – ainda que expressem discordâncias quanto à percepção do que precisamos fazer e com quem precisamos aprender a conviver para garantir nossa permanência e perpetuação.

Mas o que aconteceu para que tenhamos chegado até aqui? E uma pergunta ainda mais crucial: se as questões ecológicas constituem hoje "o elemento de sincronização histórico-política do interesse de todos os povos do mundo",[9] será possível constituir novas comunalidades – desta vez menos perversas e mais afirmativas, pois sem pretensões de univocidade e totalidade – que nos permitam restaurar um solo habitável para nossa existência?

— Uma hipótese de ficção política

Numa entrevista recente, Latour explica que *Onde aterrar?* é um livro da mesma estirpe que seu célebre ensaio *Jamais fomos mo-*

---

[9] Déborah Danowski; Eduardo Viveiros de Castro, *Há mundo por vir? Ensaio sobre os medos e os fins*, op. cit, p. 129.

dernos (*Nous n'avons jamais été modernes*), publicado em 1991.[10] Ainda que por argumentos e caminhos distintos, ambos oferecem uma ferramenta de descrição que o autor julga útil para compreender o espírito da época em que foram escritos.[11] Por ocasião da publicação do primeiro, o projeto modernizador, que por tantos anos parecera arrastar o mundo todo pela força de sua pretensa autoevidência, enfrentava um duro revés: justamente por volta do "miraculoso ano de 1989", quando o fim do socialismo parecia indicar que o capitalismo se tornava o único horizonte possível, uma grande movimentação *geo-social* começa a se formar, constituindo o que poderíamos chamar de os primeiros "gestos barreira" erguidos contra as violências cometidas em nome da globalização.

Embora essas oposições tenham herdado sua força de uma história mais longa dos movimentos sociais e ecológicos que se fortaleceram ao longo de todo o século XX – ou mesmo das lutas dos povos outros-que-modernos que, recusando a divisão entre sociedade e natureza imposta pelo *front* da modernização, resistiram e resistem bravamente à colonização de seus corpos e imaginários –, foi apenas há cerca de trinta anos que aqueles movimentos começaram a se dar conta de que as desigualdades sociais e a devastação ambiental precisariam constituir uma única e mesma luta. A potência dessa conjugação foi capaz de pôr em questão o pretensamente inegociável curso da modernidade – ainda que temporariamente, como veremos a seguir. Foi esse

---

10 Neste artigo, a referência é à tradução do livro, *Jamais fomos modernos. Ensaio de Antropologia Simétrica*. Tradução de Carlos Irineu da Costa, Rio de Janeiro: Editora 34, 1994.

11 Bruno Latour, "Troubles dans l'engendrement. Entretien sur la politique à venir". Entrevista conduzida por Carolina Miranda. In: Revue du Crieur. V. 14, out. 2019, p. 63. <http://www.bruno-latour.fr/sites/default/files/167-CRIEUR-pdf.pdf>

embate que teria levado os modernos a "perderem a confiança em si mesmos" e a se reorganizarem em novas categorias: uns se tornarão antimodernos, outros pós-modernos ("suspensos entre a dúvida e a crença"), enquanto outros insistirão em permanecer modernos.[12] É diante dessa situação que Latour se pergunta: e se eles jamais tiverem sido efetivamente modernos? Tomo a liberdade de trocar o "nós", a quem essa pergunta se dirige no título de seu ensaio, por "eles", para salientar que, à época, não interessava muito ao autor os povos que jamais sequer se acreditaram modernos; ou, ao menos, os que não foram modernos do modo como aqueles que lhes impuseram a modernidade à força.[13]

Tudo muda, entretanto, no panorama esboçado em *Onde aterrar?* De acordo com a hipótese de ficção política do autor, se há três décadas sentíamos que os parênteses da modernização começavam a se fechar, é porque havíamos começado a perceber, ainda que de forma um tanto confusa, que as promessas de prosperidade e emancipação que animavam a globalização não chegariam nunca a beneficiar a todos, pela simples razão de "não exist[ir] mundo compatível com todos os nossos projetos de desenvolvimento".[14] É preciso, portanto, ter clareza quanto ao acontecimento que deslocou o eixo moderno das coordenadas, até então organizado pelas categorias "natureza" e "cultura" (as quais, por sua vez, suscitavam uma outra divisão, entre "retrógrados" e "progressistas"): foi a irrupção de um novo ator (ou atrator) político – Gaia ou, como Latour chama neste livro, o Terrestre – que estabeleceu de uma vez por todas o impasse entre modernizar e ecologizar. Impasse

---

[12] Bruno Latour, *Jamais fomos modernos*, op. cit., p. 14–15.

[13] Para simplificar, chamarei de modernos os povos cujas cosmologias se definem pela separação dos seres em naturais ou culturais.

[14] Bruno Latour, *Onde aterrar?*, p. 100.

que, por sua vez, precisa ser examinado, se quisermos entender alguma coisa da política praticada atualmente.

Quando surgiram os primeiros sinais dessa irrupção, ainda se podia falar em "crise ecológica": o questionamento do projeto modernizador sinalizava a possibilidade de os modernos, finalmente, adequarem suas pretensões de expansão aos limites planetários,[15] aterrissando, enfim, na Terra e substituindo sua restrita concepção de "sistema de produção" por uma outra, mais realista, que levasse em consideração os demais seres de que dependemos para existir e subsistir. Somente procedendo dessa maneira é que seus sonhos de emancipação (um dos aspectos do que Latour chama de "globalização-mais") poderiam se ancorar na materialidade mundana. Isso também permitiria aos modernos expandir sua cosmologia para admitir maior diversidade de seres e modos de vida do que a dicotomia natureza/cultura possibilitava. A globalização poderia, então, se converter na atividade de mapear os múltiplos caminhos dos "sistemas de geração" ou, como propõe Donna Haraway, de "mundificação":[16] isto é, os processos por meio dos quais os diversos seres vão se constituindo uns para os outros como condições de existência ou de desaparição, tecendo, nesse movimento conjunto, a materialidade do mundo.

No entanto, porque nem todos souberam reconhecer plenamente a intrusão daquele ator político de primeira grandeza – confundindo-o com uma Natureza distante, tida como mera concatenação de matéria inerte que, na melhor das hipóteses,

---

[15] Johan Rockström et al, "A safe operating space for humanity", *Nature*, n. 461, p. 472-475, 24 set 2009. <http://www.nature.com/nature/journal/v461/n7263/full/461472a.html>

[16] Proposta de tradução livre para o conceito 'worlding', de Donna Haraway. Cf. *Staying with the Trouble: Making Kin in the Chthulhucene*, Durham, London: Duke University Press, 2016.

precisava ser protegida –, o movimento *geo-social* não conseguiu extrair a devida energia da articulação entre questões sociais e ecológicas. Se não passa de um pano de fundo inanimado para as ações humanas, a Natureza do ambientalismo não pode fazer frente às exigências da economia. Foi a confiança nessa falsa oposição entre o social e o natural que impediu mesmo os mais bem-intencionados movimentos ecológicos e sociais de perceberem que aquilo que julgavam um mero cenário passou a reagir furiosamente, expressando as intencionalidades descoordenadas de inúmeros agentes cuja potência até então fora negligenciada.

O caso do Brasil é exemplar para notarmos não apenas a potência da articulação das causas sociais e ambientais, quanto seu ulterior enfraquecimento, decorrente da incapacidade de levar tal articulação mais adiante, a ponto de reconhecer o Terrestre como um ator político. No final dos anos 1970, vimos o Partido dos Trabalhadores se constituir pela convergência de diversos movimentos sociais e pelo acolhimento das demandas de povos indígenas e ambientalistas; mas quando finalmente ascende ao poder, a aposta na primarização da economia para reduzir a pobreza sem incomodar muito as elites se mostrou, ao fim, inconciliável com as reivindicações dos movimentos ecológicos e dos povos da floresta, que se viram cada vez mais ameaçados pela expansão contínua das fronteiras industriais agrícolas e extrativistas. Esse imaginário desenvolvimentista, tendo permeado todos os espectros da política brasileira ao longo do século XX, é retomado hoje, sob a gestão de Jair Bolsonaro, na forma de uma política ainda mais mortífera.[17]

---

[17] Para uma breve reconstituição dessa história, cf. Rodrigo Nunes; Alyne Costa, "From Tuíra to the Amazon fires: the Imagery and Imaginary of Extractivism in Brazil". (T.J. Demos; Emily Eliza Scott; Subhankar Banerjee [eds.], *The Routledge Companion to Contemporary Art, Visual Culture, and Climate Change* (no prelo).

Mas se dissemos que "nem todos" souberam reconhecer a intrusão do Terrestre, é porque alguns grupos e indivíduos, que Latour chama de elites obscurantistas, souberam detectar perfeitamente a potência desse novo ator, ainda que o tenham feito ao inverso, pela negação e recusa. Para o filósofo, foi isso que teria convertido a globalização-mais na globalização-menos: tendo entendido muito bem a falta de materialidade do projeto modernizador, tais elites acharam por bem dobrar a aposta e seguir explorando tudo o que podiam para assegurar seus privilégios a todo custo. Para amparar tal decisão, valeram-se de um duplo cinismo. Por um lado, julgando inútil dissimular o horizonte comum do progresso, lançaram-se às desregulamentações que provocaram o aumento da desigualdade; por outro, iniciaram uma campanha bilionária de negação do colapso climático que, sabiam, estava em curso. Por conta dessa resolução, a "janela de oportunidade" para sair da crise se fechou: já adentramos um mundo desconhecido, que precisamos, mais do que nunca, aprender a habitar.

Quando examinada à luz dos acontecimentos atuais, a hipótese de Latour fica difícil de ser refutada. O que mais explicaria o fato de que, nos trinta anos que se passaram desde a constatação da causa antropogênica das mudanças climáticas globais, se tenha emitido mais dióxido de carbono que durante os quase dois séculos e meio anteriores? E como julgar a evidente insuficiência de todas as medidas até hoje acordadas entre os países para reduzir o impacto dessa que é a maior ameaça à vida na Terra (não apenas humana) nos últimos milhares, até milhões de anos? Ou, ainda, o investimento obstinado dos governos – os de Trump e Bolsonaro mais explicitamente, mas os de diversos outros países de forma mais ou menos dissimulada – para reduzir as proteções ambientais e estimular projetos econômicos que sabidamente agravarão ainda mais a mutação climática? Tudo isso, claro, acompanhado dos sucessivos desmontes nos equipamentos de proteção social, o que deixa a população ainda mais desamparada diante das catástrofes que já começam a se acumular.

Mesmo hoje, com as atividades industriais impactadas pela pandemia, não há razão para se dar por satisfeito com a redução das emissões projetadas: a concentração dos gases de efeito estufa acumulados garante aquecimento suficiente para décadas, séculos e até milênios. Além disso, muito provavelmente as emissões globais vão voltar a aumentar, até de modo dramático, assim que a crise sanitária passar, como aconteceu em situações de crise anteriores. Sobretudo se levarmos em conta os afrouxamentos nas legislações e os subsídios a indústrias poluentes que estão sendo orquestrados usando a recessão econômica atual como pretexto. Não menos espantosos são os clamores pela retomada imediata da produção e da liberação da circulação interrompidas pelo surto da doença, ainda que isso custe a vida de milhares ou milhões de pessoas, e a adoção de medidas para a contenção da pandemia que lançam mão de preocupantes recursos de vigilância e controle.

Diante de tantos desmontes, tantas provas de abandono e desprezo, de tamanho negacionismo, era de se esperar que as pessoas se vissem confusas e amedrontadas, estando mais suscetíveis a aceitar qualquer oferta de segurança e de proteção – por mais irreal que ela seja. É essa situação, para Latour, que explica acontecimentos como o trumpismo, o Brexit – e, talvez, possamos acrescentar, o bolsonarismo. Sob o Novo Regime Climático – que, mais que uma condição meteorológica, encerra uma nova ordem política –, aquelas três posições de antagonismo, indecisão e insistência nas quais o projeto modernizador havia se subdividido se recombinaram de modo um tanto inesperado. Os movimentos de extrema-direita parecem ter operado uma fusão entre a *fuga adiante* rumo à globalização, que era a marca da modernidade, e a *fuga para trás* das fronteiras dos Estados nacionais (o identitarismo antimoderno), tudo isso alimentando uma falsa controvérsia climática para confundir a opinião pública (explorando o equívoco em torno da noção pós-moderna de "relativismo").

Os que confiaram nessa promessa não são os que se há de culpar: são, ao contrário, aqueles que podem vir a se sentir atraídos pela proposta de encontrar no Terrestre, enfim, um território duradouro; pois, por mais ferida que essa Terra esteja, é somente nela que podemos aterrar. Mas não nos deixemos enganar quanto à única atitude possível em relação às covardes elites políticas e econômicas: trata-se de uma verdadeira guerra dos mundos, ou melhor, uma guerra entre os que buscam encontrar o mundo e os que querem se refugiar fora dele, deixando a conta do "retorno da Terra"[18] para todos os outros pagarem. O fato de terem identificado com mais rapidez esse novo poder político que rege o Antropoceno – enquanto tantos ainda confundiam o Terrestre com uma Natureza a proteger – permitiu aos inimigos saírem em vantagem. Mas a guerra está longe de terminar e a aposta de Latour é na potência que pode ser liberada pela constituição de um povo Terrestre, ligado à Terra e por ela enfeitiçado (*Earthbound*). Para isso, precisaremos saber reconhecer os inúmeros outros seres indispensáveis à nossa sobrevivência: "Existir como povo e ser capaz de descrever seus territórios de vida consiste numa única e mesma coisa".[19] É chegada a hora, assim, de retomar em outras bases o movimento geo-social.

---

[18] Bruno Latour, *Onde aterrar?*, p. 25.

[19] Bruno Latour, *Onde aterrar?*, p. 115.

— Política e ciência do Terrestre

Muitos devem ter notado (ou mesmo estranhado) a centralidade que termos mais associados a um posicionamento político de esquerda adquiriram no pensamento de Latour, como fica claro tanto neste livro quanto no artigo aqui reproduzido. Sem dúvida, isso se deve à preocupação suscitada pelos acontecimentos recentes examinados na obra, que vão na contramão da ação política necessária para reduzir os efeitos do colapso ecológico e das desigualdades sociais por ele acentuadas. Mas ela se deve também à sua admiração pela potência de movimentos que o autor identifica como resolutamente geossociais, como as ZADs[20] e os protestos pelo clima – ele afirma ter um especial fascínio por Greta Thumberg e pelo coletivo Extinction Rebellion[21] – além, é claro, dos povos que nunca foram modernos, aqueles mesmos a quem Latour não concedia tanta consideração trinta anos atrás, mas aos quais hoje tantos de nós nos voltamos para aprender como resistir e sobreviver à retirada de nosso solo.[22]

20 Cf. nota 59 de Bruno Latour, *Onde aterrar?*.

21 Na entrevista mencionada anteriormente, Latour diz: "Mas o que eu acho formidável são os membros do Extinction Rebellion, os 'rebeldes contra a extinção'! Como dizer de forma mais direta do que essa que se recusam a desaparecer? Fiquei muito tocado ao ver, nas manifestações dos estudantes em greve [pelo clima] [...], cartazes que tratavam, quase todos, sobre a impossibilidade de durar, de se perpetuar, e não simplesmente dos humanos, mas [também] das coisas da terra, das geleiras, das florestas e, claro, dos animais" ("Troubles dans l'engendrement", p. 66).

22 Ainda que Latour tenha desde sempre demonstrado grande interesse na obra de antropólogos como Eduardo Viveiros de Castro e Philippe Descola, foi sobretudo do artigo "L'arrêt de monde", de Déborah Danowski e Viveiros de Castro (*De l'univers clos au monde infini*, Paris: Éditions Dehors, 2014) que ele retirou a ideia de que os povos indígenas têm um papel fundamental nas lutas ecológicas, além de outros conceitos que →

Podemos, ainda, atribuir essa mudança de tom à influência de alguns de seus muitos interlocutores, como Isabelle Stengers, Donna Haraway, Eduardo Viveiros de Castro, Déborah Danowski, Dipesh Chakrabarty, Émilie Hache e Patrice Maniglier. Mas o que parece ter contribuído mais fortemente para essa mudança, além da publicação da *Encíclica Laudato si*, em 2015, foi o trabalho do filósofo Pierre Charbonnier, cuja investigação da relação entre progresso social e abundância material que animara o empreendimento modernizador parece ter fornecido as bases para a elaboração do conceito de *geo-social* desenvolvido no livro. Logo no início de *Onde aterrar?*, Latour lamenta que os comentaristas políticos deixem de explorar a conexão entre os três fenômenos que fundamentam sua hipótese central (desregulamentação, explosão das desigualdades e negacionismo). De forma análoga, podemos afirmar que, como o próprio Latour reconhece, antes de ser influenciada por Charbonnier, sua noção de política desperdiçava um imenso potencial de estabelecer uma "continuidade entre as lutas passadas e as do futuro".[23]

Essa continuidade é construída, por exemplo, pela tentativa de oferecer, em troca da ideia de "sistema de produção" – por meio da qual Marx descreveu o modo de funcionamento do capitalismo –, a noção de "sistema de geração", por meio da qual Latour pretende mostrar que um materialismo ancorado na divisão natureza/cultura carece de materialidade. A cone-

→ vem explorando desde então, como o de haver hoje uma "carência de terra". Se ainda resta alguma dúvida sobre como esses povos se tornaram importantes no novo mapa geopolítico do autor, basta conferir o artigo intitulado "'We don't seem to live on the same planet' — A Fictional Planetarium" (Kathryn B. Hiesinger; Michelle Millar [eds.]. Designs for Different Futures, 2019, p. 193–199). <http://www.bruno-latour.fr/sites/default/files/162-SEVEN-PLANETS-DESIGN.pdf>

23 Bruno Latour, *Onde aterrar?*, p. 60–61.

xão entre as questões sociais e ambientais é operada, também, por meio da interpretação que o filósofo faz das zonas críticas, conceito que toma emprestado das ciências da Terra, como "zonas a defender", inspirado nos zadistas. Se há uma guerra de mundos em curso, isso se deve à profunda discordância entre aqueles que projetam na Terra a imagem de um globo acabado – seja ele o da globalização capitalista supostamente irreversível ou a de uma natureza previsível e estável – e aqueles para quem toda a possibilidade de vida se concentra numa "minúscula zona de alguns quilômetros de espessura entre a atmosfera e as rochas-mães".[24] Se a Zona Crítica – expressão que, com Latour, se torna um dos mil nomes de Gaia –[25] é o espaço onde o clima e a vida evoluíram juntos, então esse espaço, mais que um cenário, "é filho do tempo". É dessa forma que a constituição mútua entre seres e solo se esclarece: a zona crítica "se estende tão longe quanto nós; nós duramos tanto quanto aqueles que nos fazem respirar".[26]

E essas zonas críticas são tanto mais sensíveis porquanto despertam disputas e discordâncias acerca da forma de ocupá-las. À mudança necessária na concepção de política para melhor nos posicionarmos nessas disputas, deve se seguir uma mudança de concepção no que entendemos por ciência. Enquanto a Terra era pensada como uma totalidade estável e acabada, aquilo que Latour chama de "ciências da natureza-universo" – que tratam de fenômenos que se passam fora da

---

[24] Bruno Latour, *Onde aterrar?*, p. 94.

[25] Referência ao Colóquio Internacional Os mil nomes de Gaia – do Antropoceno à idade da Terra, realizado no Rio de Janeiro em 2014. <https://osmilnomesdegaia.eco.br/>

[26] Bruno Latour, *Face à Gaïa. Huit conférences sur le nouveau régime climatique*, Paris: La Découverte – Les Empêcheurs de Penser en Ronde, 2015, p. 141-142.

zona crítica – encarnavam o modelo áureo da prática científica, com sua "epistemologia arrogante e desinteressada"[27] pelo que se passa no mundo visto de dentro. Mas, sob o Novo Regime Climático, nenhum saber, nenhuma ecologia, se encontra a salvo de contestação; o negacionismo é apenas a ilustração mais perversa desta afirmação. Para proceder com a investigação das metamorfoses e entrelaçamentos que constituem as zonas críticas, as ciências da natureza-processo sabem que não podem escapar das controvérsias. Em paralelo à "repolitização do pertencimento a um solo",[28] a repolitização ou, mais precisamente, a explicitação do caráter político, da prática científica.

Mas também a repolitização da ecologia: aterrar implica ser capaz de reconhecer os seres dos quais dependemos – o que, por sua vez, exige selecionar os seres, traçar os territórios que nos conectam a alguns seres, mas nunca a todos. Como afirma Donna Haraway, "ninguém vive em toda parte; todo mundo vive em algum lugar. Nada está conectado a tudo; tudo está conectado a alguma coisa".[29] Para Latour, os sonhos de uma harmonia universal entre os seres cultivados por certas vertentes ambientalistas são abstrações despolitizantes, pois pretendem eximir seus partidários da difícil, mas necessária, tarefa de descobrir quantos somos, com quem existimos e de que meios de subsistência podemos nos valer.[30] Mapear essa rede equivale a traçar nosso terreno de vida, nossa forma pró-

---

[27] Bruno Latour, *Onde aterrar?*, p. 96.

[28] Bruno Latour, *Onde aterrar?*, p. 65.

[29] Donna Haraway, *Staying with the Trouble*, p. 31.

[30] Bruno Latour, "Atterrir en Europe, une conversation avec Bruno Latour". Entrevista conduzida por Louise Eymard e Tristan Dupuy (*Le Grand Continent*, 30 jan. 2019). <https://legrandcontinent.eu/fr/2019/01/30/nous-avons-rencontre-bruno-latour/>

pria de sermos *Earthbound*.[31] E é exatamente essa delimitação territorial que Latour chama de cosmologia.

O emprego da palavra "rede" na frase anterior não surpreende os familiarizados com a obra de Latour. A metafísica que sustenta a proposta política apresentada tanto em *Onde aterrar?* quanto no texto "Imaginar gestos que barrem..." deve muito à teoria ator-rede e à metodologia dela derivada, desenvolvida pelo autor e por seus colegas do ramo da sociologia conhecido como *science and technology studies*. Mesmo antes de a teoria que o tornou famoso ser enunciada, Latour já nutria uma concepção da realidade como sendo o resultado mais ou menos estabilizado de associações entre agentes humanos e não humanos; de modo que, para investigar como essa realidade se forma e se mantém, se faz preciso examinar as formas diversas por meio das quais seres heterogêneos vão constituindo uma mesma rede, um mesmo ecossistema. O materialismo latouriano é profundamente ancorado num pluralismo ontológico, o que explica seu desapreço a explicações pretensamente totalizantes. Para ele, tudo o que existe precisa agir sobre outros seres para seguir existindo, e é apenas acompanhando essa sucessão ou sobreposição de agências que a realidade pode ser conhecida e descrita. Admitir todos os existentes como actantes, identificar suas "própria[s] maneira[s] de integrar os outros elementos que compõem, a cada momento, o coletivo"[32] e descrevê-las: reconhecemos

---

[31] Nesse sentido, vale esclarecer que enquanto "zona crítica", no singular, é um dos nomes de Gaia, "zonas críticas", no plural, consiste nas variadas maneiras por meio das quais nosso pertencimento à Terra se expressa. A relação entre as expressões no plural e no singular, assim como entre território e Terra, guarda semelhanças com o sentido que esses últimos termos possuem na filosofia deleuziana.

[32] Bruno Latour, "Imaginar gestos que barrem o retorno da produção pré-crise", p. 128.

aí a metodologia proposta por Latour para definir um terreno de vida.

É justamente à originalidade e à pertinência da descrição do sistema de produção que Latour, seguindo Charbonnier, atribui o grande mérito de Marx: este teria sido capaz de traduzir o capitalismo industrial nascente em termos que permitiram não apenas constituir um povo (a classe operária), mas também determinar aquilo que lhes era necessário para subsistir. Contudo, se tal descrição concebia a subsistência como a mera extração e transformação de recursos naturais para o benefício dos humanos, se acreditavam que a Natureza consistia num espaço formado pela mera concatenação de causas e consequências ditada por leis universais, se pensavam o mundo como uma fisicalidade que simplesmente "estava aí", era porque o materialismo moderno era profundamente devedor da concepção de "matéria" estabelecida no século XVII. Tratava-se, portanto, de um Naturalismo de inspiração criacionista;[33] como se, uma vez engendrados, os seres do "mundo natural" não precisassem se transformar para subsistir ou não pudessem deixar de existir.

E já que adentramos o terreno da religião – ou, mais precisamente, da contra-religião, que é como o historiador Jan Assmann se refere à oposição entre verdade e falsidade instaurada pelas religiões monoteístas –, notemos que, segundo Latour, é uma modulação dessa oposição, que ele caracteriza como fundamentalista, que constitui o peculiar secularismo moderno. Tanto na ciência como na política praticadas na modernidade, o autor diz ser possível reconhecer um pensamento que "tudo concede às causas e nada às consequências".[34] No que

---

[33] Bruno Latour, *Face à Gaïa*, p. 96.
[34] Bruno Latour, *Face à Gaïa*, p. 95.

concerne especificamente à concepção de Natureza, o desprezo dos modernos pelas mediações e transformações que tecem a materialidade do mundo faz de seu materialismo um niilismo, e abre caminho para o negacionismo que testemunhamos hoje: confiantes de que a Natureza está dada de uma vez por todas, os modernos de outrora não podem admitir que aquilo que julgavam um mero cenário para suas ações efetivamente age e responde. Por essa razão, em vez de um desacordo com a epistemologia moderna, Latour vê o negacionismo como seu legítimo herdeiro: a ameaça do colapso climático não produz uma grande mobilização porque prevalece a certeza de que o mundo natural não passa de matéria inerte.[35]

É para resgatar a historicidade do mundo desse reducionismo niilista que Latour afirma ser preciso "ao mesmo tempo estender e *limitar* a extensão das ciências positivas":[36] estendê-las para que elas se convertam definitivamente em ciências da natureza-processo, tornando-se capazes de registrar as movimentações terrestres dos agentes não humanos; mas limitar sua pretensão de desvendar definitivamente as dinâmicas que formam e transformam o mundo, de forma a não restringir a liberdade de movimento dos seres que tomam parte nessas dinâmicas, a não presumir saber de antemão as agitações e possibilidades de transformação que essa Terra encerra.

É também por essa razão que Latour não atribui a "falta de confiança nos fatos" demonstrada pelos eleitores de Trump (e de Bolsonaro) à suposta parvoíce dos que acreditam

---

[35] Essa conexão que Latour faz entre contrarreligião, fundamentalismo, niilismo e negacionismo é desenvolvida com mais detalhes em Alyne Costa, "Por uma verdade capaz de imprever o fim do mundo", *Coletiva*, n. 27, jan./abr. 2020. <https://www.coletiva.org/dossie-emergencia-climatica>

[36] Bruno Latour, *Onde aterrar?*, p. 93.

nas falsas controvérsias, diagnóstico de feições claramente iluministas. O problema na raiz do negacionismo não é a incapacidade de distinguir o verdadeiro do falso (problema que se resolveria por meio da pedagogia), mas sim o pavor suscitado pela possibilidade de perda do mundo, acrescido do aturdimento provocado pela traição dos que resolveram se refugiar fora dele. Quando o solo comum (tanto no sentido material quanto figurado) se encontra ameaçado, é a condição mesma de possibilidade do político que arriscamos perder; é por isso que, como vimos, Latour defende que a política da pós-verdade é, na verdade, uma política da pós-política. A recomposição do solo comum, nesse sentido, passa também pela capacidade de entender as razões que levam as pessoas a se refugiarem no negacionismo e pela criação de oportunidades para estabelecer alianças com os abandonados pela globalização.

Se é por meio da investigação e da descrição das mediações que podemos reaver o mundo, é também porque essa atividade ajuda a tornar a ameaça menos abstrata e mais palpável. Do mesmo modo como precisamos identificar os componentes dos sistemas de geração que formam nossos territórios de vida, Latour nos convoca a aproveitar a frenagem inesperada causada pela pandemia para examinar cada aspecto do sistema de produção, de modo a identificar aqueles que põem em risco o outro sistema, ele sim crucial para nossa subsistência. A simetria do gesto é inegável: quanto mais nos comprometemos como agentes de mundificação, mais nos tornamos *interruptores da globalização*;[37] à liberação dos fluxos de engendramento do mundo, correspondem os "gestos barreiras" contra os processos que ameaçam aqueles fluxos.

---

37 Bruno Latour, "Imaginar gestos que barrem (...)", p. 131.

— E vamos nós aterrar?

Após o esforço para nos engajar no inventário dos modos de existência Terrestres, Latour decide se apresentar. Em consonância com a ideia de que é pela descrição que se pode fazer existir um povo, ele começa a esboçar os contornos do território onde pretende aterrissar: a Europa. Mas, esclarece, não se trata da face meramente administrativa e burocrática do continente, a "Europa-Bruxelas": sua Europa é a uma só vez "metafísica, antropologia, espaço comum e cultura comum". Não que essa distinção lhe tenha sido sempre clara; dez anos atrás, ele explica, isso não lhe teria ocorrido.[38] Mas, no contexto geopolítico atual, com Estados Unidos, China, Rússia, Brasil e tantas outras nações voltando as costas para o resto do mundo, ele aposta na vocação *cosmopolita* da região – atestada por seu pioneirismo e interesse na criação de dispositivos para estabelecer uma comunalidade supranacional – para transformá-la numa experimentação *cosmopolítica*[39] voltada aos inúmeros migrantes humanos e não humanos desta Terra em transformação.

O autor também alega que, depois de todas as violências motivadas pelo ímpeto modernizador, depois de tanta devastação causada por sua ânsia de alcançar o global sem passar pelo local, a Europa teria, enfim, entendido que precisa se provincializar, abandonando os delírios de império que, no entanto, ainda animariam a fé de outros povos. Contudo, provincializar-se não significa abster-se das responsabilidades pelos erros do passado e pelas repercussões desses erros

---

[38] Bruno Latour, "Atterrir en Europe", op. cit.

[39] Cf. conceito de Isabelle Stengers. Ver sobretudo *Cosmopolitiques* [livros I e II], Paris: La Découverte, 2003.

no presente e no futuro. Se foi a Europa que inventou os dispositivos de extermínio que são a marca do projeto colonizador – os quais antes se voltavam para os "outros", mas agora se voltam contra todos os seres que, propomos simbolicamente, compõem os 99% da Terra –, então, exige o autor, que ela agora tenha a fineza de "desinventar" as conexões perversas por meio das quais buscou construir o comum.

Não precisamos, é claro, concordar com a aposta de Latour. Há, decerto, razões de sobra para se indignar quando ele afirma, por exemplo, que o crime mais importante cometido pela Europa – a devastação ontológica e epistemológica empreendida em nome da civilização – é também um de seus trunfos.[40] No afã de reinventar seu território, o filósofo acabou negligenciando um ponto nevrálgico da relação da Europa com os mundos extra-modernos, erro que pode pôr em risco as negociações diplomáticas essenciais para a composição do coletivo *geo-social*. Podemos entender essa imprudência como um sinal de que não há o que negociar, de que sua proposta não tem nada a oferecer, nem a nós, que assimilamos do nosso jeito a modernização que nos foi imposta, nem àqueles que se recusam terminantemente a se modernizar. Podemos mesmo nos posicionar, adaptando o slogan dos zadistas de Notre-Dame-des-Landes, contra a Europa e seu mundo; nesse sentido, não é difícil constatar o quanto a concepção latouriana de política carrega traços demasiado "ocidentais" (como atesta sua predileção por termos como parlamento, civilização por vir, república, democracia, constituição etc.), o que pode ser tomado como sinal de sua indisponibilidade para pensar a política por outros meios.

No entanto, talvez possamos entender sua posição como condizente com a metafísica afirmativa e inclusivista que o autor

---

[40] Bruno Latour, *Onde aterrar?*, p. 120.

professa, interessada mais em descrições precisas dos processos do mundo do que em condenações peremptórias. Sua confiança no poder transformador das descrições é a base do seu materialismo pluralista, pois é somente acompanhando e registrando as mediações que formam a realidade que podemos conhecê-la e modificá-la. Ao conectar povo e terra, tais descrições protegem a política das histórias acabadas (utópicas ou distópicas) sobre o mundo; para usar a expressão que dá título a um dos últimos livros de Haraway,[41] elas nos ajudam a permanecer com o problema de herdar essa Terra ferida. Talvez seja essa "crença no mundo", expressa por uma experimentação inquieta, que explique que tantas pessoas vejam em Latour um aliado político, ainda que seus posicionamentos não coincidam inteiramente com os dele. O próprio sucesso alcançado por *Onde aterrar?* demonstra a disposição do autor de se aliançar a novas ideias, práticas e coletivos. Latour vê na Europa um possível terreno de aterrissagem, mas é preciso reconhecer que seu desejo é por uma Europa, enfim, capaz de oferecer um lar para os que a ela recorrem, negociando a coexistência entre os agentes humanos e não humanos em co-dependência terrestre. A Europa não precisa ser o nosso território; tampouco servir de modelo de plano de aterrissagem. Mas podemos nos valer das propostas de Latour para inventar nossas próprias maneiras de descrever, disputar e negociar nosso pertencimento a um solo.

Pois a habilidade de negociação pode se mostrar necessária, caso nosso terreno de vida coincida de alguma maneira com o Brasil – seja em termos geográficos, metafísicos, culturais, políticos ou de qualquer outra ordem. Os perigos decorrentes da fuga das elites para fora do mundo não param de se acumular também por aqui: adaptando uma famosa

---

[41] Donna Haraway, *Staying with the trouble*, op. cit.

frase de Eduardo Viveiros de Castro, podemos dizer que, no Brasil, só não é índio (ou Terrestre) quem se acredita moderno – ainda que jamais tenha sido.[42] A questão é que agora, no Antropoceno e diante das catástrofes ecológicas e sanitárias que já começam a acontecer, todo mundo de certa forma se torna índio –, inclusive quem não era.[43]

Como bem diagnostica Achille Mbembe, a atual pandemia evidencia de forma brutal o quanto a vida nesta Terra se torna cada vez menos respirável. Seu diagnóstico se mostrou ainda mais preciso quando tantos foram às ruas gritar "I can't breathe" nos protestos antirracismo que ganharam o mundo, mesmo em meio à crise sanitária. A nova comunalidade capaz de reunir os Terrestres, desse modo, se funda na reivindicação do direito universal de respirar.[44] Foi num breve momento de questionamento da ordem produtivista, trinta anos atrás, que um potente movimento *geo-social* começou a tomar forma; que não desperdicemos esta nova oportunidade.

Alyne Costa é filósofa, com mestrado e doutorado em filosofia na PUC-Rio e pesquisa sobre o colapso ecológico. Atualmente faz pós-doutorado no Fórum de Ciência e Cultura da Universidade Federal do Rio de Janeiro (UFRJ), desenvolvendo pesquisa e projetos de divulgação científica e engajamento político para as mudanças climáticas. É também professora na PUC-Rio.

---

42 Cf. Eduardo Viveiros de Castro, "No Brasil, todo mundo é índio, exceto quem não é". Entrevista. In: Beto Ricardo; Fany Ricardo. *Povos indígenas do Brasil: 2001–2005*. São Paulo: Instituto Socioambiental, 2016, p. 41–49.

43 Eduardo Viveiros de Castro em tweet de 06 abr. 2020.

44 Achille Mbembe, "Le droit universel à la respiration" (AOC, 06 abr. 2020). <https://aoc.media/opinion/2020/04/05/le-droit-universel-a-la-respiration/>

— Índice de temas resumidos

1 — Uma hipótese de ficção política: a explosão das desigualdades e o negacionismo climático são um mesmo e único fenômeno. 9

2 — Com a saída dos Estados Unidos do acordo sobre o clima, vemos claramente que a guerra está declarada. 11

3 — A questão das migrações agora diz respeito a todos, o que estabelece uma nova e perversa universalidade: estarmos privados do solo. 16

4 — Devemos atentar para não confundir a globalização-mais com a globalização-menos. 21

5 — Como as classes dirigentes globalizadas decidiram se livrar pouco a pouco de todos os fardos da solidariedade. 26

6 — O abandono do mundo comum gera uma desconfiança geral em relação aos fatos. 31

7 — O aparecimento de um terceiro polo vem alterar a orientação clássica da modernidade, até então definida pelos polos do Local e do Global. 36

8 — A invenção do "trumpismo" permitiu o aparecimento de um quarto atrator, o *fora-deste-mundo*. 44

9 — Ao detectar o atrator Terrestre, definimos uma nova orientação geopolítica. 50

10 — Porque o sucesso da ecologia política nunca está à altura de seus desafios. 57

11 — Porque a ecologia política tem tanta dificuldade em se liberar da oposição Direita/Esquerda. 62

12 — Como garantir o alinhamento entre as lutas sociais e as ecológicas. 70

13 — A luta de classes se transforma em uma luta de lugares *geo-sociais*. 73

14 — A história das ciências permite compreender como uma certa noção da "natureza" congelou as posições políticas. 79

15 — É preciso desenfeitiçar a noção de "natureza" pressuposta na oposição moderna entre Esquerda e Direita. 87

16 — Um mundo composto por objetos não oferece o mesmo tipo de resistência que um mundo composto por agentes. 91

17 — As ciências da Zona Crítica não têm as mesmas funções políticas que as das outras ciências naturais. 95

18 — A contradição entre o sistema de produção e o sistema de geração se acirra. 100

19 — A retomada da descrição dos terrenos de vida – os "cadernos de queixas" como um modelo possível. 109

20 — Uma defesa pessoal do Velho Continente. 119

159 — Onde aterrar?

Este livro foi editado pela Bazar do Tempo no inverno de 2020, na cidade de São Sebastião do Rio de Janeiro, e impresso no papel Pólen Bold 90 g/m². Ele foi composto com as tipografias GT Alpina e Whyte e reimpresso pela gráfica Margraf.

3ª reimpressão, dezembro de 2023